TURING 图灵新知

世界是概率的：

伊藤清的数学思想与方法

[日] 伊藤清 —— 著
刘婷婷 —— 译

人民邮电出版社
北京

图书在版编目（CIP）数据

世界是概率的：伊藤清的数学思想与方法 /（日）伊藤清著；刘婷婷译．-- 北京：人民邮电出版社，2023.2

（图灵新知）

ISBN 978-7-115-59889-9

Ⅰ．①世… Ⅱ．①伊… ②刘… Ⅲ．①伊藤清－数学－学术思想－文集 Ⅳ．①O1-0

中国版本图书馆CIP数据核字(2022)第151420号

内 容 提 要

本书为日本数学家、沃尔夫奖、高斯奖、京都奖得主伊藤清的数学思想文集。书中梳理了他学习数学、走上数学研究道路的经历，收录了他关于“数学与科学”“直观与逻辑”“纯粹数学与应用数学”“数学的科学性与艺术性”等方面的思考，同时记录了他创立著名的“伊藤引理”的过程与感悟。本书是了解伊藤清数学思想的珍贵资料，也可作为了解概率论相关概念与发展的读本。

◆ 著　　　　[日] 伊藤清
　译　　　　刘婷婷
　责任编辑　武晓宇
　责任印制　彭志环

◆ 人民邮电出版社出版发行　　北京市丰台区成寿寺路11号
　邮编　100164　　电子邮件　315@ptpress.com.cn
　网址　https://www.ptpress.com.cn
　北京捷迅佳彩印刷有限公司印刷

◆ 开本：880×1230　1/32
　印张：6.5　　　　2023年2月第1版
　字数：105千字　　2024年11月北京第9次印刷

著作权合同登记号　图字：01-2021-0895号

定价：59.80元

读者服务热线：(010)84084456-6009　印装质量热线：(010)81055316

反盗版热线：(010)81055315

广告经营许可证：京东市监广登字20170147号

版权声明

KAKURITSURON TO WATASHI
by Kiyosi Itô
© 2010, 2018 by Keiko Kojima
Originally published in 2010, 2018 by Iwanami Shoten, Publishers, Tokyo.
This simplified Chinese edition published 2023
by Posts and Telecom Press Co., Ltd, Beijing
by arrangement with Iwanami Shoten, Publishers, Tokyo

本书由日本岩波书店正式授权，版权所有，未经书面同意，不得以任何方式进行全书或部分翻印、复制或转载。

目　录

第 1 章

刻骨铭心的话语

刻骨铭心的话语

那是在我上小学一二年级时候的事情。我的朋友I有一个在高等女子中学（相当于现在的初中）读书的姐姐。她的成绩非常优秀，是我崇敬的对象。或许我也曾向她请教过复杂汉字的读法等学习方面的内容吧，不过我一点印象也没有。但她对我说过的一句话，在55年后的今天，依然清晰地刻在我的心中。有一次她问我哲学是什么，我自然回答“不晓得”，而后她给我看了字典，说：“哲学是一门研究宇宙的原理与法则的学问。”我不认为当时只有小学一二年级的自己可以读懂这些字，更不要提理解这句话的意思了，但这些都没有妨碍它成为我一生都无法忘却的一句话。进入（旧制[①]）中学之后，虽然我知道了这句话中每个字的写法，但第一次写下这句话，却是在写这篇文章的时候。

当时的中学课程中并没有开设哲学这个科目，可上了高中（旧制八高[②]）后，哲学则成为学生们之间的潮流文化。笛卡儿、

① 日本旧制中学是日本在1947年实施学校教育法前，对男子实施中等教育的学校。针对女子的中等教育在高等女子中学进行。——译者注

② 旧制第八高等学校的简称。旧制八高是1908年在爱知县名古屋市创立的一所公立旧制高等学校，是现在名古屋大学的前身之一。——译者注

康德、叔本华、马克思、唯心论、唯物论、观念论等哲学之谈不绝于耳。文科生中不乏有研读康德《纯粹理性批判》德语原版书的热忱之士。我也难免卷入这哲学的旋涡中，与别人激烈地进行讨论。但坦白讲，哲学青年之间的讨论太过主观和注重精神层面，有些形而上。作为理科生，我感觉这类东西无法真正满足我的内心。我下意识地觉得，I 的姐姐所说的“研究宇宙的原理与法则的学问”，是一种更加客观的哲学，那样的哲学才是我想学习的。

我第一次触碰到类似“研究宇宙的原理、法则的学问”，是我在高中三年级和大学（东京大学理学部数学专业）学习“牛顿力学与微积分的关联”的时候。落体运动、抛体运动、天体运动，全部可以依据牛顿三大运动定律和万有引力定律，通过解微分方程确定下来。我感慨万千，这不就是“研究宇宙的原理与法则的学问”吗？宇宙虽然是包括自然界、人类世界等森罗万象的总称，但直观上的宇宙总是让我们想到繁星闪烁的无穷空间。如果说无数星体的运动都遵从牛顿的微分方程，那微分方程就是“宇宙的原理与法则”吧。后来，当了解到流体力学、电磁学也可以用偏微分方程来描述，我便确信数学就是我在追寻的“研究宇宙的原理、法则的学问”。

然而，当时数学的主流是抽象的纯粹数学，即研究数学概念的逻辑结构。像 18 世纪、19 世纪那样，去研究宇宙的原理与法则的数学，则是数学界的支流。虽然我对纯粹数学也有兴趣，但是总觉得纯粹数学无法带给我牛顿力学曾给予我的那种感动。当时的热力学、统计力学，像理论物理学的其他领域一样，还没有从数学上得到系统性整理。这是因为与这些领域密切相关的数学手段——概率论尚未得到充分发展。我大学毕业时，概率论终于具备了大致的数学形态，我也对这方面的研究产生了浓厚的兴趣。我隐约感觉，这个领域能够实现 I 的姐姐所说的“哲学”。就这样，随机过程论成了我的研究方向。幸运的是，这一理论后来引起了数学家的普遍关注，在 40 年间获得飞跃性发展，而我也在这个过程中享受着研究的乐趣。我大学毕业不久后，就走上了随机微分方程的研究道路，我想这也是 I 的姐姐那句话的指引吧。

数学分为纯粹数学与应用数学。纯粹数学的着力点在于研究数学概念的逻辑结构。应用数学，我认为是为了描述“宇宙的原理、法则”而构建出的数学。在我的研究过程中，我愈发感受到这一点，并觉得应用数学应该称为“数理科学”或者“数理解析学”。

仔细想来，“研究宇宙的原理与法则”这种客观的态度，并不属于哲学家，而属于数理解析学研究者。哲学的考察包括主观、客观，是一种内面性的东西。我高中时期遇到的那些哲学青年，他们的哲学就是这种意义上的哲学。I 的姐姐告诉我的那种“哲学”，与其说是哲学，不如说是“数理解析学”。我从“哲学”“纯粹数学”之间跋涉而来，终于找到了“数理解析学”之路。现在，我在京都大学的数理解析研究所工作，想必这也是 I 的姐姐那句话在我心底生根的结果吧。

与 I 的姐姐的那次对话后，我们就没有再见过面。根据我的年龄来计算，她应该已近古稀之年。最近，我参加了一次中学的同学会，偶然得知她是同学会会长 W 的妻子。时隔 55 年，我们在电话中再次对话，彼此都产生了一种莫名的怀念之情。那个时候，她给我看的辞典是《言海》。我找来当年那一版《言海》，翻看“哲学”词条的释义，结果发现辞典中并没有“研究宇宙的原理与法则的学问”的描述。如此想来，那应该是她用自己的话给出的解释，而我就是跟随那句话的指引，一直在研究的道路上前行，真是令人无限感慨。

数学研究刚刚起步的岁月

1938 年，我从东京大学理学部数学专业毕业。从这一年到我获得名古屋大学助教职位的 1943 年，我居住在东京，就职于大藏省[①]内阁统计局。我的数学研究正是起步于这 5 年。

乍一看杂乱无章的现象中蕴藏着统计法则这一事实，自学生时代就十分吸引我，我有一种模糊的感觉，这类问题要靠概率论这一数学分支来解决。于是，我从大三便开始阅读概率论相关的论文和著作，在此过程中，渐渐掌握了统计法则中的数学本质。只是当时的研究对于随机变量这个基本概念只做了直观说明，并没有给出明确的定义，难免给人一种不足的感觉。

基于严密的定义创建数学体系在现在看来是理所应当的，但这一理念覆盖整个数学领域还是最近的事。即使是微积分学，也是在 19 世纪末严密定义了实数之后，才称得上是一个现代数学体系。我有幸学习了这一体系下的微积分学课程。但是，当时概率论相关的论文和著作，并不是在这样的现代数学的角度下完成

① 大藏省是日本自明治维新后到 2000 年间存在的中央政府财政机关，主管日本财政、金融、税收。2001 年，日本中央省厅重新编制，大藏省改制为财务省和金融厅。——译者注

的。按微积分学的发展来类比的话，这些论文和著作还停留在19世纪。

我在烦恼该如何定义随机变量这一概率论的基础概念时，发现了苏联数学家柯尔莫哥洛夫所著的《概率论基础概念》一书。其实，在大一时我就曾在丸善书店[①]看到过这本书，但当时我对它毫无兴趣。大学毕业后再次与这本书相遇时，我便知道它能满足我的求知欲，于是一口气把它读完了。书中将随机变量定义为概率空间中的函数，通过引入测度论尝试将概率论体系化。站在这个全新的角度后，一直以来朦胧不清的东西就如拨云见日一般明朗起来，由此我也确信概率论确实是现代数学的一个分支。

打好基础后，接下来便是概率论的内容了。当时大部分的研究将重点放在了统计法则的数学分析上，研究独立随机变量序列的行为。拿微积分学来说，这部分内容就好比级数理论。当然概率论的内容更难，也更丰富，但与当时数学中的其他分支比起来还是略显单薄，让人难以全情投入。

我对概率论的内容真正产生兴趣是在拜读了法国数学家保

① 丸善书店于1869年始创于东京，是日本第一家以经营西洋书为主的书店，是西洋教育和文化的代表。——译者注

罗·皮埃尔·莱维（Paul Pierre Lévy）在 1937 年提出的关于独立随机变量之和的理论之后。该理论是向随机过程（概率论中的一个概念，相当于微积分学中的函数）的正式研究迈进的一大步，我从中找到了新概率论真正的本质，决定倾尽全部深入研究。

如同大多数开拓者所做的工作那样，莱维的理论中有很多地方也是凭直觉来叙述的，晦涩难懂。我使用美国数学家杜布（Doob）引入的正则化这个概念，试图将莱维的理论以柯尔莫哥洛夫式的严密的叙述风格来改写。经过诸多尝试，我最终实现了这个目标。这就是我最初发表的论文，现在大家已经习惯用我的方法来叙述莱维的理论了。

莱维的理论虽是针对独立增量过程的研究，但以此为起点，我也开始逐渐研究一般化的马尔可夫过程。在这些研究中，柯尔莫哥洛夫的研究与偏微分方程有很深的关联，这一点着实吸引着我。我想将这个研究，按莱维对独立增量过程的理解，整理成自己可以接受的形式。在思考过程中，我找到了随机微分方程这一方式。这是我后面研究的出发点，也是我现在仍在研究的内容。论文在最初发表时并未受到太多关注，但从十几年前开始，不断有研究者为这个理论的发展做出贡献，现在它已成为概率论中非常重要的部分。

我一直贯彻着按自己的做法解决自己想研究的问题这样的态度，只因自己的性格就是如此，所以没少走弯路，也时常苦于无法很快拿出成果。在摸索的过程中支撑着我的，便是我的恩师弥永昌吉先生。弥永老师虽致力于数论的研究，但也拥有纵贯数学整体的广阔视野。在研究还未成型的阶段，即使我只将腹案告诉弥永老师，老师也会悉心听取，并给我很好的启发。有时他还会勉励我说："你有自己想要解决的问题，有自己想创立的体系，这一点非常好。"若是没有这些饱含温情的话语，我恐怕已然受挫。借此机会，我也想向恩师表达最诚挚的谢意。

直观与逻辑的平衡

第一次见到高木贞治老师，是我于 1935 年入读东京大学数学专业的时候。不过在那之前，我就已经在家乡的图书馆拜读过老师的《新式算术讲义》（新式算術講義）了。我想着算术就是小学数学讲的东西，无心翻阅后却大吃一惊。这本书详细说明了在目前的实数理论中，戴德金（Dedekind）、魏尔斯特拉斯（Weierstrass）、康托尔（Cantor）各自提出的从有理数出发严密定义无理数的方法。在那个年代，数学读物都是横版印刷的，这本书虽然发行于 1904 年，使用的却是竖版印刷。我还记得自己看到书中写着“日本不使用脚注，因此将相关内容全部写在章末”这样的话时，不由苦笑的情景。当时已经将平方根、对数等作为常识理解的我，在读完这本书后，才明白数学是建立在严密、坚固的逻辑之上的学科。

大学入学时，老师向数学专业的新生做了入学说明。讲话内容十分简短，只涉及图书馆的使用注意事项等，让人充分感到那时的大学将大学生视为“预备学者”的自由氛围。

我入学的那一年，正好是高木老师从东京大学退休的前一年，因此我们班有幸听到了老师最后的课程。高木老师教授的科目是微积分学，每周 4 节课，每节课 50 分钟。当年数学专业的学生虽然只有十二三人，但是微积分学也是物理专业、天文专业和地震专业学生的必修科目，所以上课的学生差不多有四五十人。因此，授课教室只能选在棚屋中。高木老师做事有些欧洲人身上的感觉，他总是比预定时间晚 15 分钟才开始上课。后来我在丹麦生活了 3 年，发现那里的人无论上课还是开会总是比预定时间晚 15 分钟开始，甚至会特意不遵守规定时间。那时我便想起高木老师的课堂来。

大学时代我的左耳听力就开始衰退，因此在课上我总是坐在第一排。说起来，高木老师讲课的声音并不算大，但坐在第一排的我听得很清楚。课程的内容是老师的名著《数学分析概论》（解析概論）[①]。这本书当时并没有单独出版，而是被收录在“岩波讲座数学”这个系列中。老师所讲内容极为简洁，经常直击本质，非常易懂，笔记做起来也很容易。

① 中译本为《数学分析概论（岩波定本）》（高木贞治 著，冯速、高颖 译，人民邮电出版社，2021 年）。

这门课程是以实数的性质之一的单调有界数列必有极限作为前提开始的。老师说如果要严密介绍课程内容的话就没完没了了，所以从这个部分开始。我记得老师曾在《新式算术讲义》中对实数进行过严密定义，所以对这种开始的方式有些意外，但听了一段时间后，我便明白老师此举是考虑到了直觉与逻辑之间的平衡。高木老师上课总给人一种从容不迫之感，但由于他从不将讲过的内容重复第二遍，所以学生听课的时候要保持专注。高木老师的课每次 30 分钟有余，必然会讲完一个课题。我在课后回味起来，总感到无比充实。

《数学分析概论》一书中不乏有一些在不经意间用幽默的方式对直观的本质进行说明的地方，高木老师的课堂中亦是如此。比如讲解与空间曲线相关的弗莱纳公式时，高木老师会将右臂向前伸展表示切向量，用左臂横向表示法向量，用头表示副法向量，他一边向着切向量的方向前进，一边将身体微微左倾，以这样的方式来说明这三个向量之间的关系。这看着令人兴味盎然，同时又能让人透彻理解。

虽然课程是以这种节奏进行的，但因为句句是重点，所以不知不觉间进度一直推进，在一年的时间里，课程就基本覆盖了

《数学分析概论》庞杂的内容，着实令人惊讶。其实，我自己也在大学任教，曾数次教授数学分析课程，但我总是把握不好直观与逻辑之间的平衡。讲解动不动就变得冗长，我也分不清上课是为了满足自己还是学生。一年过去，我连预定内容的一半都没能完成。每次上课前，我总是会将《数学分析概论》作为参考书，想着这堂课多少也要向着高木老师的课堂靠近一步。但直到我退休，都未有一堂课讲得能令我满意。

虽然我在高木老师的课堂中学到了很多，但在整个学生时代，我并没有和老师进行过交谈，所以估计高木老师也叫不上我的名字。但我工作后不久，有一次来到学生休息室时，高木老师却向我打了招呼，这让我在感到惶恐的同时又无比喜悦。

1954 年，我在出发前往普林斯顿大学之前，曾拜访高木老师的居所。高木老师招待我进屋，我才初次与他畅谈。面对着超脱于世俗投身于数学研究和教育，还留下不朽成果的高木老师，我产生了难以言喻的感动之情。

高木贞治老师当时已是耄耋之年，而角谷静夫和小平邦彦那段时期又长居美国，这让高木老师对日本数学的未来非常担忧。

但是之后的 30 年，日本数学已接近国际一线水平，国际数学家大会也将于 1990 年在日本召开，这是大会首次在欧美以外的国家召开。高木老师若是见到日本的青年数学家充满自信地活跃在国际舞台的景象，必定会感到满足吧。

（写于 1986 年）

第 2 章

数学的两大支柱

科学与数学

一则比喻

这是幕末时期某家大商铺元旦时的光景。主人和掌柜面向带桌脚的豪华将棋盘下着将棋，棋子上的字全是雕刻而成的。二掌柜和学徒则蜷坐在一个没有桌脚的棋盘边，棋子上面的字是用涂料写上去的。两个小孩在厚纸上画出一个棋盘，棋子也是用厚纸制作的，但因为嫌麻烦，他们用等腰三角形替代了原本是五角形的棋子，字也全部用“wang”“bu”这样的拼音书写。棋盘上的线画得不够多，棋子没办法在格子里移动，所以只好像玩围棋那样把棋子放在线与线的交叉点上。另外两个人连棋盘都没有，一边吞云吐雾一边下“盲眼将棋”。此时，一位外国朋友前来探访。他若是一位文人，恐怕会写下“元旦，去某某家探望，看到男人们正两人一组玩游戏，十分快活”这样的日记吧。

但是，这位外国朋友若是一位科学工作者，想必不会关心他们开心与否。他会发现这些奇异的游戏虽然乍一看各有不同，但其实规则完全一致。若想摸清楚规则，便需要细心观察并将要点一一记录下来。看到笔记的数学家会严密地描述规则，检查这些规则中是否存在矛盾，会不会出现无法分出胜负的情况。

大家若将自然现象看作神的游戏，将自然法则看作游戏规则，便能理解上述例子的含义了。不过，神的游戏要比将棋复杂许多，科学工作者是无法完全把握的，能够了解的只是包含某种程度误差的“近似法则”。随着观测方法和实验方法的进步，我们会得到越来越准确的结论。

科学家发现的近似法则经数学家打磨，会被整理成不存在矛盾的逻辑体系，科学家在头脑中利用这个规则“玩游戏”，就可以近似地再现自然现象。这便是自然、科学、数学的理想图示。以下就是一个经常被提及的经典实例。

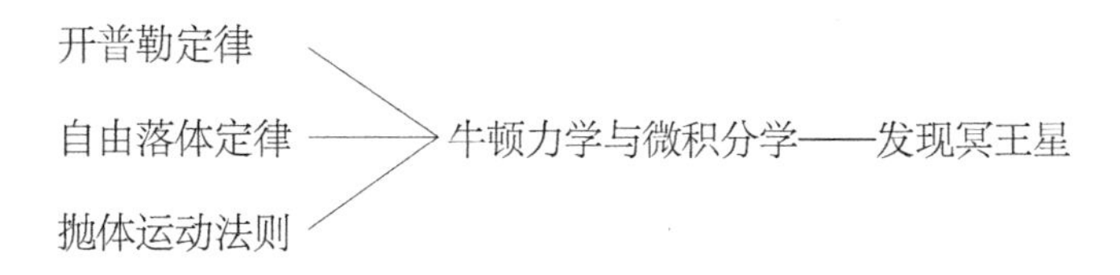

纯粹数学与应用数学

无论是数学的哪个分支，追根溯源，都是为整理某种自然现象的法则而诞生的。基础一旦确立，便没人记得它是如何产生的，从此独成一派。这就是纯粹数学。这种发展方式可以激发更多自由的想法，对学科的发展十分有益。

之所以叫纯粹数学，是因为人们已经将其整理得十分完备了。从古希腊时代到中世纪，只有欧几里得几何可以算作纯粹数学，代数则不在此列。负数虽一直被应用，但其逻辑上的意义并没有被弄清。点、直线、平面及它们之间的关系虽然作为欧几里得几何已被体系化，但如果没有“域”的概念，负数和正数就无法实现体系化。如果看一下明治时代的东京大学理学部数学专业（当时被称为理科大学数学专业）的课程设置，就会发现课程设有纯数学、微积分、力学及高等物理学等，其中微积分并没有被纳入纯数学（也就是纯粹数学）的范畴。按这个思路，恐怕纯数学就是射影几何学了吧。这可能是因为微积分学以微分法、积分法和简单微分方程的解法练习为主，完全没有接触到收敛、连续函数的严密定义或 $\varepsilon-\delta$ 定义等，与纯数学这个名头并不匹配吧。

进入20世纪之后，由公理系统构成的集合论诞生。纵览整个数学领域，纯粹数学的范围急剧扩大，微积分学和微分方程论也属于纯粹数学的范畴了。自柯尔莫哥洛夫的公理问世以来，概率论也成为纯粹数学的一个分支。

纯粹数学的范围扩大之后，光是研究纯粹数学就已经令数学家应接不暇，更不用说研究从纯粹数学这个根中生长出来的科学枝芽了。就算大学的数学专业只安排纯粹数学的课程，也足够大家手忙脚乱的了。

纯粹数学是盛开在数学中心的花朵，但其周围也有连接着其他学科的部分。这便是应用数学。我不太喜欢应用数学这个叫法，因为它听起来会让人觉得先有纯粹数学，再有将数学作为工具的应用数学。如果说连接着诸多学科的部分就是应用数学，那么它应该也包含能成为纯粹数学的根与芽的部分（像是数理物理学、生物数学等）。关于这一点，不仅是非专业人士，专业人士也经常存在误解。这里的非专业人士指的是会把数学当作工具使用的人。这些人会自行将需要解决的问题数学化，并希望数学家能将方程解出来。在数学专业人士中，也有不少将解方程归在应用数学范畴的人。其实真正的问题在于之前所做的数学化是否正确。比如不理解微分方程概念的人，利用初等代数知识将天体力学问题数学化，很多时候会得到千奇百怪的结果。当然，从现在看来这种情况简直像天方夜谭，但对于一些需要用到随机过程和随机微分方程才能数学化的问题，有不少人妄图用大学程度的概率知识去解决。对于这样的数学使用者，数学家们无法热情对待也是无可奈何的事情。

与之相对，针对有望开发出新的数学领域的问题，有能力通过科学的考察给出不凡见解的科学工作者才是数学家最欢迎的人。一直以来微分学都局限在有限维的空间上，物理学家发展出虚功原理和最小作用量原理后，变分学诞生，函数分析学（无限维的微积分学）也得到进一步发展。这才是数学发展的真正姿态。

现代社会与数学教育

现在，日本的大学的数学教育极其偏向纯粹数学，基本无视了与新概念的产生相关的科学性考察，比如老师在讲群的时候，会直接从群的公理开始。关于授课方式，举例来说就是给定某个有限群的群表，让学生逐个检查其是否满足公理。之后课程会引申到子群、正规子群和商群，一般群讲完之后，就开始介绍阿贝尔群、循环群等特殊的群。也许这是过一遍群论中主要定理的最快方法，但我认为这样的授课方式不可能引起学生的兴趣。我的学习方法是，通过观察水车的转动理解循环群，通过转动正十二面体来理解非阿贝尔群[①]。对我来说，群是可以旋转或变换的。在学习伽罗瓦理论中的扩域（基本域保持不变）的自同构群时，我也因为眼前能浮现出扩展域以基本域为轴旋转的景象而饶有兴味。

大正时代[②]，我在乡间度过了少年时光。竹蜻蜓、风筝这些玩具全是我自己制作的。先劈好竹子来制作风筝的骨架，然后贴上障子纸，最后系上线，整个过程差不多要花去半天时间，可实际放飞的时候，风筝只是滴溜溜地打着转跌落下来。大一点的孩子过来帮我将线按正确的方式绑好后，风筝才终于飞起来。在这样的田园生活中，我可以完全理解和控制手中的东西。因此，在学习数学时，若不能像亲手摸到亲眼看到一样进行理解，我总会觉得索然无味。我虽然生于20世纪，高中（旧制）之后就在城

① 也称非交换群。——译者注

② 指1912–1926年。——编者注

市里生活，但俗话说三岁看老，我的思维方式还带着19世纪田园生活的影子。在我的学生时代，教学内容不多，课程也还算松散，因此我从未感觉到困扰。

而对于当下这些手握遥控器看着电视长大的孩子来说，他们既没工夫思考为什么电视上会有图像，也不可能仅通过观察内部构造来探明其中的奥秘。在高度机械化的现代社会，单纯掌握复杂工具的使用方法并善加利用才是明智之举。在这种环境中长大的孩子，即使我们直接用纯数学的方式告诉他们群的定义，想必也不会感到反感吧。但这样也失去了独创性，并且与通过科学考察发展出全新的数学分支这种数学的本来面貌渐行渐远。为了避免这种情况发生，我希望数学研究者在教授纯粹数学之余，也可以开一些数理物理或生物数学方面的课程。

数学的两大支柱

幕末数学家、思想家本多利明曾提出过与西方数学有关的两大支柱。其一是数学是靠论证来推进研究的，其二是数学是所有学科的基础。能像这样坦言数学理想的人可谓绝无仅有。在那个将数学用于历法、炮术和航海术的年代，能存在这样一位拥有卓见的思想家实在令人惊叹。下面我们就来思考一下这两个支柱在现代数学中演化成了怎样的形式。

首先，数学家们已经近乎完美地实现了第一个支柱中所阐述的理想。在古希腊时代，欧几里得以点和线这两个要素以及满足它们之间关系的公理为基础，从逻辑上推导出平面几何学的诸多定理。利用这个方法，欧几里得展示了如何通过论证来建立数学理论的模型。到了近代，基于起始于笛卡儿、牛顿的“利用数学探究宇宙万象”这一远大理想（相当于本多利明所说的第二个支柱），诞生了以微积分学为首的许多崭新分支。如何建立起一个将它们全部包含在内的完整逻辑体系令当时的数学家们很头疼。就连最为简单的实数的严密定义都是在19世纪后半期才被赋予的。但是进入 20 世纪后，数学的所有分支中的所有事实都被编入集合论的框架中，现在，数学中的定理在逻辑上都被看成集合论中的定理并可以确认真伪。比如布尔巴基[①]在《数学原本》（*Éléments de Mathématique*）中，对于那些在欧几里得的平面几何中成立的结论，在数学的整体框架下又进行了更加全面、彻底的验证。20 世纪的数学家们不仅让数学变得更加严密，还将数学打磨成更加完整和精美的成品。现代数学专业的学生能在指引下循序渐进地学习数学殿堂中的知识，实属幸福之至。

相反，数学家们对于第二个支柱“数学是所有学科的基础”的意识逐渐淡薄。力学从数学专业的课程中被剔除，解开牛顿运动方程或推导出开普勒定律时内心涌现的喜悦，也鲜少有学生能体会到了。这虽是全球范围的问题，但在日本尤为严重。事实上，纯粹数学的殿堂太过壮丽，近来数学的专业期刊和论文的数量都呈指数级增长，令身处这个纯粹数学殿堂的人感到难以呼吸，自然没有余力去思考本多利明提出的第二个支柱了。我们是否应该打开窗户换换新鲜空气，或是走到外面一探殿堂全貌，思

① 布尔巴基是 20 世纪一群法国数学家的笔名。布尔巴基的目的是在集合论的基础上，用最具严格性、最一般的方式来重写整个现代高等数学。——译者注

考其本质呢?

虽然最近应用数学开始逐渐受到关注，但现阶段无论是数学使用者还是数学家，普遍还是抱有应用数学就是在为数学使用者打造工具这种想法，委实令人感到遗憾。本多利明提出的“数学是所有学科的基础”这句话，说的并不是技术层面的东西，而应该是哲学化、思想化的东西。

（写于 1980 年 5 月）

奇怪的学生

标题所说的“奇怪的学生”并非贬义，下面要讲的就是我对这个“奇怪的学生”的回忆。

差不多十年前我在美国康奈尔大学任教的时候，曾给研一的学生教授过概率论。美国研究生一年级的水平大致相当于日本本科的三四年级，但因为美国没有复读生，加之可以跳级，所以在年龄上他们其实和日本本科三四年级的学生差不多。

上课的时候如果发现有学生面露不解之色，就要进行补充说明。但是，我并没有准备好完美的笔记，因此证明中会出现错误或需要重新来过，从而破坏课程的连贯性。我对此很是在意，因此课后又重新整理了讲义发给学生。

在美国，大家普遍认为要通过应用才能理解定理的含义，所以一般每周我会留差不多五道作业题。学生也会提出这种要求。课程前半段（截至大数定律）的作业是由教学助手（研究生院的高年级学生）批改的，后半段（随机过程）难度增加，找不到合适的助手，再加上听课的学生减少到差不多十五人，所以由我批改作业并且依据作业情况安排下一周的授课内容。作业不需要打分，我只要找出错误并附上短评再返还给学生即可。

在这些听课的学生中，有一个本文标题中提到的“奇怪的学生”。

他上课从不记笔记，有时还会把脚搭在桌子上，但是课听得很认真。因为没有笔记，所以他在写作业时会参考分发的讲义。讲义发放的时间比课程晚一周左右，加之认真研读相当耗费时间，所以即使是之前发放的讲义也可能无法读完。而且，这个学生在解题时只用自己已经理解的定理，就算用这周课程中介绍的定理能立刻得到答案，他也偏要使用自己的方法，有时也会在定理中发现解答习题所需要的部分，用差不多两周前课上教的知识给出证明。如果抓到要领的话，作业纸只需 3 张左右，但他每次都要使用七八张，字迹也很潦草。于是，我经常在他的作业上留下类似于“Use Theorem 3.1 to get a simpler proof!”（使用定理 3.1 进行简短证明！）这样的短评。

最初觉得这个学生实属奇怪，但后来我渐渐改变了这个看法。既然他能用两周前学到的知识解出本周的问题，那么一直学到概率论最前沿的部分，定能做出有独创性的研究。果然，他后来以一篇出色的学位论文获得了一流大学的助教职位。

与他熟络之后，我们聊了很多。他说自己不擅长记笔记，自己写的笔记有时自己也看不懂，我在课后为大家发讲义是个非常棒的做法。他原本进研究生院是想学习分析学，但最终转为研究概率论了。

前面我也提到过，我的课准备得并不十分完美，现在也依旧如此。我有时会呆立在黑板前，有时会把满黑板的板书全部擦掉重新证明。学生会因此露出厌烦的神情，课堂给人的印象也很糟糕。但是，从不记笔记的这个学生对此总是一副无所谓的样子，甚至还有些乐于见到这样的场面。来我家做客时，他提起了这个话题，说："就是因为老师你这样的上课方式，才让我了解到数学是如何被创造出来的。"他的这番话将我从对课堂的自责中解放了出来。

他的父亲因公到东京出差时，还特地来到我在京都的家中向我表示感谢，这在美国是闻所未闻的事情。他说："我儿子从小就很乖僻，但多亏了你，他打心眼里对数学产生了兴趣。"

（写于 1983 年 7 月）

色即是空，空即是色

“色即是空，空即是色”是《般若心经》中著名的两句话。前一句经常被人提及，用来描述“再美丽的花也终会凋零，再年轻的人也终会变老死去”这一佛教中的无常观。这种无常观，也就是对人生现实的否定，深深扎根在日本的文学、戏曲、习俗，乃至整个日本文化中。但是，若将第一句按照对人生的否定来理解，第二句就只能按与之相反的人生肯定论来理解了，然而极少有人谈论相关内容。

如果按字面意思直接解读“色即是空”这句话，就只有色 = 空这一层意思，怎么也读不出光阴终成虚无这种时间流逝的概念。因此第二句也可直接理解为空 = 色，只是使用了文章的表现手法再一次表示第一句话的意思。总而言之，这两句话想表现的无非是“色与空是相同的，是不即不离的，是一体两面的”。

那么色是什么，空又是什么呢？这个问题有诸多答案，对我来说，最简明的解释便是色代表具体的事物，空代表抽象的事物。这样的话，前面的两句话就能理解为“具体与抽象并不对立，是同一事物。要同时对二者进行考察，将一方抛开只讨论另一方是不可行的”这种佛教哲理。

在我开始展开数学研究的 20 世纪 40 年代，对抽象代数学、抽象空间理论的研究异常兴盛。从抽象数学的角度来看，大多数具体分支会让人产生一眼就能看透的感觉，从课程上来说，抽象数学也受到了学生的欢迎。但最后，出现了不关注作为抽象素材的具体实例，一味关注抽象理论的倾向，造成了抽象数学的衰退。

说起来，创建抽象理论的数学家也是在研究了众多具体实例（色）的基础上抱着与其不即不离的态度创建抽象理论（空）的。将抽象理论（空）从具体实例（色）中抽离出来，势必会令抽象理论的发展停滞。

抽象数学的研究偏离中心后，数学家们又重新将目光投在了具体实例上。但这一次，大家在经过抽象论的洗礼后，能以全新的视角看待具体问题了，这让具体论与之前相比上了很大一个台阶。像这样在数学研究中绝不将抽象理论（空）与具体实例（色）分割开来，便是“色即是空，空即是色”的含义。

从深刻的佛教哲理来看，我的这种想法恐怕无比浅薄，但作为数学家的我，现阶段对于这种外行人的解释非常满意。无论在研究中还是在教学上，我都将同时考察抽象理论（空）和具体实例（色）作为理想。遗憾的是，由于自身能力有限，这个理想目前还未能实现。

（写于 1992 年 10 月）

第 3 章

数学的乐趣

数学家与物理

数学家和物理学家对数学的思考方式大相径庭。就拿弦振动方程来举例吧。

$$\frac{\partial^2 u}{\partial t^2}=\frac{\partial^2 u}{\partial x^2} \tag{1}$$

物理学家的头脑中会浮现出实际的弦振动现象，上面的方程表现的正是这一现象随时间变化的规律。与之相反，对数学家来说，这个方程是关于函数 $u=u(t, x)$ 的条件。

$$\tau=\frac{\partial}{\partial t},\ \xi=\frac{\partial}{\partial x} \tag{2}$$

像上面这样变形后，（1）就显示出函数空间的点 u 是

$$\tau^2-\xi^2 \tag{3}$$

的零点。因此，数学家将（1）称为双曲型（偏微分）方程，他们的关注点只放在振动方程是如何从（1）中导出的上面。

数学家们会考虑（1）的解是否存在、解的个数、u 的定义域是怎样的函数空间、偏微分方程是否是广义的等问题，并且会进一步将（1）一般化，考虑更高阶的双曲型方程，站在更高的数学立场上重新审视（1）。其理论构成可以说既严密，又壮丽。当这个振动是线段 [0, 1] 的固定端振动（$u(t, 0)=u(t, 1)=0$）时，解会进行傅里叶级数展开，每一项都表示固有振动。作为数学研究者，考虑这个级数是逐点收敛还是一致收敛，或是均方收敛，并在希尔伯特空间的范畴中用正交分解这一几何学语言来进行描述，是无比喜悦的。

但在物理学家看来，（1）本就是将具有一定粗细的弦作为线段建立的方程，与弦的粗细比起来，微小的误差不会引起任何问题，因此最初几项尤为重要。另外，在建立（1）时还假设了一个微小位移，并忽略了动能转化为热能时损失到空气中的能量。如果严密来说的话，就要除去这样的假设来建立方程，那样就会得到非线性偏微分方程，如果进一步将弦的分子构造考虑进去，还需要考虑统计力学。希望数学家能在这一方向上提供帮助。

现在，纯粹数学家的兴趣全部集中在构筑一个逻辑坚固且井然有序的数学体系上。这也遵从了欧几里得《几何原本》中的精神。现实中的现象实在太过复杂，所以数学家以将其简单化、理想化作为出发点。数学家在无限的层面上进行思考，从这一点上看，人们会觉得他们构建的东西要比物理学家的复杂，但其实数学家这么做只是因为比起将事物分割成有限的部分思考，将问题延展至无限的层面反而在逻辑上更加透明而已。欧几里得的《几何原本》是古希腊人留给我们的一个伟大的文化遗产，而无比壮丽的现代数学体系也会作为人类的文化所得为后世所称道。它既可以算作优美的艺术品，也可以被看作无比重要的非物质文化遗产。

除了富有艺术的一面，数学也具有科学的一面。与欧几里得齐名的古希腊著名学者阿基米德既是数学家也是物理学家，他发现了杠杆原理和浮力等物理学中的重大定论。牛顿发现了三大运动定律及万有引力定律，并以此统一了伽利略的自由落体定律、开普勒定律和惠更斯的波动说，创立了研究它们的数学手段——微积分学。他既是一位伟大的物理学家，也是一位真正意义上的应用数学家。而且，这些理论整理成《自然哲学的数学原理》

时，写法也是以欧几里得的《几何原本》为范本的，这也说明了他秉持着纯粹数学家的精神。

物理学中出现的多数微分方程是由数学家建立的，从这一点来看，在牛顿之后也不乏有著名的数学家为物理学做出巨大贡献。比如力学方程（拉格朗日和哈密顿）、流体力学方程（欧拉和拉格朗日）、热传导方程（傅里叶）等。又比如高斯在天文学、电磁学、测地学和位势论中的研究成果非常有名，黎曼在数学上的很多成果都潜藏在他对物理学的观察中。值得惊叹的是，这些数学家解出自己构建的方程，不仅为理论物理学的发展添砖加瓦，还在研究的过程中引入全新的数学概念，为纯粹数学提供了丰富的素材。

但到了 19 世纪后半期，数学和物理渐渐分离，开始了所谓的专业分化。举例来说，赫维赛德算子、电磁学的麦克斯韦方程组、爱因斯坦的相对论、狄拉克的量子力学等若是以 19 世纪前半期的眼光来看应该算数学家的工作成果，而现在它们全部属于物理学领域的成果。我认为比起通过这些问题推动纯粹数学的发展，这些物理学家更倾向于利用这些问题推进物理学的研究。

为了科学的飞速发展，研究所需的材料激增，实验设备逐渐趋于大型化。虽说学科分化与此相关，但更为本质的原因是数学从直观的现实中脱离，形成了独立的逻辑体系。如前所述，欧几里得的逻辑精神才是纯粹数学的起源。从 17 世纪到 19 世纪前叶，作为实际现象的数学表达所引入的很多概念（函数、极限、连续、运动、微积分、变分法等），其逻辑基础都极为脆弱。19 世纪后半叶出现戴德金、魏尔斯特拉斯、康托尔的实数理论之后，实数的连续性和极限的含义才终于清晰。进入 20 世纪后，数学全部分支的成果都可以通过集合论的公理推导出来，数学进化成了一个完整的逻辑体系，与现实问题的直观把握相独立。现在在大学数学专业学习的数学，便是这样的纯粹数学。欧几里得在《几何原本》中展现的规模极小且尚不完备的体系这才完全扩展到了数学全体，可以说欧几里得的梦想终于在 20 世纪得以实现。集合论中的公理自然是不存在矛盾的，但哪种推论形式能被使用才是问题的重点。对这个问题的探讨属于数学基础论和数理逻辑的范畴，大部分研究纯粹数学的数学家也会将这个问题留给专门人士解决。

那么，纯粹数学是否远离实际完全独立了呢？这个问题的答案在逻辑上是肯定的，但在实际中是否定的。虽说纯粹数学是通过集合论的公理基于形式逻辑推出的逻辑体系，但由此得到的逻辑性结论并不都会形成纯粹数学的分支。现代数学分支几乎全部取材于 19 世纪之前对实际问题的研究（物理）。

作为现代数学中心问题的流形论也萌芽于物理学中的相空间（phase space）。事实上，相空间的位置坐标（$q_1, q_2, \cdots, q_n$）是基底空间（流形）的局部坐标，动量的坐标（$p_1, p_2, \cdots, p_n$）是余切空间（cotangent space）的坐标，将相空间作为余切丛来理解的话，就可以真正从数学上理解哈密顿运动方程了。

现在，数学专业的学生会从集合开始学习，从相空间、代数系统这些逻辑上较为简单的知识逐步过渡到更加复杂的知识，这样在学习将高阶构造加入相空间中的流形理论的课程时自然就能理解流形了。对物理不太了解，或者说对物理一无所知，反而能让人更加自由地进行思考。流形也从纯粹数学的角度理解会更好。若是通过这样的方法找到无论如何也无法从实际现象中联想到的数学关系，一定也可以反过来将其应用在物理学中吧。

不过，我认为只用纯粹数学的思路思考是无法开拓出数学新领域的。在欧几里得的《几何原本》成长到现代的纯粹数学这两千年间，数学家们一直需要在物理学中获得众多新素材。事实

上，物理学不光为数学提供了素材，其提供素材的形式还极为优异。比如热传导方程

$$\frac{\partial u}{\partial t}=\alpha\frac{\partial^2 u}{\partial x^2}\quad（\alpha\text{为热扩散率（常数）}）\qquad（4）$$

将它的形式一般化，把 α 考虑成 x 的函数，方程就会变成下面这样。

$$\frac{\partial u}{\partial t}=\alpha(x)\frac{\partial^2 u}{\partial x^2}$$

这个方程即使从数学的角度来看也非常有趣。从热传导的角度来说，热扩散率 α 发生变化的时候，考虑到热传导方程的导出方式，式子会变成下面这样。

$$\frac{\partial u}{\partial t}=\frac{\partial}{\partial x}\left(\alpha(x)\frac{\partial u}{\partial x}\right)$$

在这种情况下，由于右边为自伴微分算子，所以可以实现固有函数展开，我们也可以在多个方向进一步研究希尔伯特空间中

的自共轭算子。实际在物理学中出现的微分算子基本上是自伴微分算子。实际现象对纯粹数学抱有的好意想想就令人感到不可思议。

现在，将数学物理学作为一个物理学科进行授课，其课程内容基本以到 19 世纪为止的纯数学为基础。而数学专业的课程则以 20 世纪的纯数学为基础，其物理背景基本被忽略。所以数学家与物理学家交谈时会出现说法不一致的情况，很多时候双方需要花很长时间才能明白彼此在讲同一件事情。无论对数学家来说还是对物理学家来说，这都不是什么值得高兴的事。现代数学家也需要像 19 世纪之前的数学家那样，再一次投入物理学的怀抱。不单单关注解决物理学家已经进行公式化的数学问题，还要研究被公式化的内容本身，以此来汲取新的数学素材，这才是真正意义上的数学物理学。这里我是以物理学来举例的，但其实生物学、化学、工学和经济学等其他学科亦是如此。

（写于 1984 年 3 月）

欧拉的应用数学

差不多10年前，我在ETH（苏黎世联邦理工学院）授课，曾在苏黎世居住了4个月左右。当时我发现，在旧版10瑞士法郎的纸币上印着拉昂哈德·欧拉的肖像。在数论、拓扑学、微积分学、微分方程论、变分法、力学（质点、刚体、弹性体、流体）等数学的大部分分支中都可以见到欧拉的名字，我自然也对欧拉抱有兴趣，只不过觉得纸币背面的图有些奇怪。那是一个行星轨道图，图中行星及其卫星绕着太阳转动。我觉得这张图与牛顿和开普勒更相称，并不适合欧拉。回日本之后，我读了《科学传记辞典》（*Dictionary of Scientific Biography*）中欧拉的事迹，这时我才明白纸币背面为什么是那张图。关于这一点我稍后再谈。这本传记十分有趣，想了解欧拉的读者不妨读读看。

18世纪最伟大的数学家欧拉于1707年出生在瑞士的巴塞尔。他18岁开始研究数学，1727年应圣彼得堡科学院的邀请来到沙俄首都圣彼得堡（苏联时期改名为列宁格勒），在那里度过了14年的时光。1741年受邀进入设立在普鲁士王国首都柏林的柏林科学院，在那里工作了 25 年之久。虽然最后成为院长并在学术上大放异彩，但晚年与对数学知之甚少的腓特烈大帝发生不快，于是在 1766 年，应叶卡捷琳娜大帝的邀请再次回到圣彼得堡科学院。在叶卡捷琳娜大帝的庇护下，欧拉在之后的 17 年里一直居住在圣彼得堡近郊，从事着数理科学的研究和教育工作，并留下了伟大的成果，最终于 1783 年辞世。

对行星运动的数学理论的研究，是从牛顿应用他在 17 世纪末发表的三大运动定律和万有引力定律从数学上推导出开普勒定律开始的。由此，牛顿创立了微积分的方法。

欧拉认为莱布尼茨的方法比牛顿的方法便捷得多，因此发展了莱布尼茨的理论并创建了与现在的形式相近的微积分学。因为涉及微分方程，所以我们称其为分析学可能更合适。欧拉以此将牛顿的质点力学发展成刚体力学、弹性力学、流体力学。在那个年代，想要建立能描述刚体、弹性体和流体的方程，必须使用牛顿的三大运动定律和万有引力定律。欧拉构筑分析学的契机是对力学中出现的微分方程进行求解，可以说欧拉的分析学与力学是一体的。这么说，也许应该将欧拉创建的微积分学称为数理科学。总而言之，欧拉将牛顿的力学原理与莱布尼茨的微积分原理统一起来，创建了数理科学。

前面的内容虽然聚焦在分析学上，但欧拉也涉足曲面论、数论、变分法的研究，可以说他着眼于数理科学的全部分支。更令人惊叹的是，欧拉在应用自己的数学理论时，甚至会在意计算的数值和实际的测量值是否相符。

下面我们将话题转回到行星轨道图上。前面说过牛顿从数学上推导出开普勒定律，但这仅限于解决二体问题，此后对木星、土星的观测结果也和理论值相差甚远。因此一时之间，出现了很多对牛顿力学持怀疑态度的学者。不过，学者们的批判点偏离了主题，问题的症结其实在于三体问题（或者说多体问题）。这个问题与二体问题一样，并不能利用当时已被人们掌握的初等函数知识来解决。对于三体问题，欧拉也只是发现了它的特殊解（欧拉的直线解）。虽然达朗贝尔和克莱罗也对此进行了研究，但欧拉发明了现在被称为“摄动理论”的方法并求出了近似解，得出与实际测量值吻合的理论值。这就是行星轨道图的由来。

这个故事还有一个有趣的插曲。在欧拉关于轨道理论的众多研究中，最著名的还数他的月球运动理论（1753 年）。利用这个理论中的公式，德国天文学家托拜厄斯·迈耶（Tobias Mayer）

制作了月球表。这张表刊载于《航海天文历》，而后被使用了约一个世纪。其实在这张表出现的四十年前，英国议会曾宣布，能将大洋中经度测量的误差缩小到半度之内的人可获得高额奖金，能提供与此精度近似的方法的人可获得小额奖金。1765 年，为表彰制作了月球表的迈耶，迈耶的遗孀获得了 3000 英镑的奖金，作为这张表的理论基础的月球运动理论的创始人欧拉，也被授予了 300 英镑的奖金。与此同时，约翰·哈里森（John Harrison）因发明了近乎完美的航海精密计时器，被授予了高额奖金。

欧拉将现在被称为分析学的数学分支称为无限分析学，他将这个分支理解为有限分析学（代数学）的延展。虽然在联系二者时欧拉使用了极限这个形式，但他并没有考虑其在数学上的严密定义。无限分析中一直使用“如果 a 远小于 A，则 $A+a=A$”这样的逻辑，因此，“无限分析是一种不正确的理论”这样的声音屡屡出现。欧拉打算思索很多实例，制定出计算法则，以此回应这些批判声，但没能坚持下去。或许有 18 世纪的非标准分析就好了。

欧拉自然了解级数的收敛与发散的区别，他也在加速级数收敛的变换，也就是欧拉变换上下足了功夫，还进一步考虑了有效利用发散级数的方法，得出了多个重要级数的求和公式。

欧拉还有一项重要的成就，那便是引入了数学符号。自然对数的底数 e、虚数单位 i、函数符号 $f(x)$、差分符号 Δy 和 Δy^2 等都是欧拉引入的。不仅是数学符号，欧拉还开创了一般函数的概念。当时他使用幂级数来表示多项式的无限化，并将注意力全部集中在了能用幂级数表示的函数上。不过在振动的弦的运动力学研究中，欧拉接触到了无法用幂级数表示的函数，因而引入了与现在的函数概念十分接近的一般函数。

欧拉认定 $a+b\mathrm{i}$ 是复数的便捷表示形式。他将复变函数用幂级数表示，并讨论了它的微积分，得出现在我们在复变函数论课程中学到的诸多定积分公式。

关于微分方程，虽然欧拉也得出了许多有用的结论，但在基本定理方面，用代数（有限分析）方法求解近似的差分方程时，欧拉运用了令 $\Delta x=0$ 求微分方程的解并由此推导出其他定理的方法。欧拉在变分法领域推导欧拉方程时也使用了类似的方法。

欧拉使用以这种方式构造出的分析学，在曲面几何学、受约束质点动力学、刚体力学、流体力学等领域的研究中取得了非凡成就。当时的数学物理学家普遍只满足于解决眼前的问题，但欧拉会思考解法中蕴含的分析学本质，使无限分析得到发展。

如前所述，欧拉的无限分析虽然对无限小和复数的处理存在一些瑕疵，但经由 19 世纪高斯（Gauss）和柯西（Cauchy）的完善，最终以十分严密的形式被记录下来，其本质也趋于明朗，这也拉开了 19 世纪分析学黄金时代的序幕。现在，那些没有用欧拉命名的概念或定理中也有不少起源于欧拉的研究。欧拉开垦了 18 世纪分析学的荒地，播撒下无数种子，不由令人感叹。

（写于 1993 年 11 月）

数学的乐趣

有人将数学看作智力游戏并乐在其中，但对我来说，数学理论与科学现象渊源颇深，从现象的角度推动理论，启示发展方向，才能真正体会到数学的乐趣。

这种能令人享受数学的理想情况并不容易遇到，我们可以从古典天文学中找出两三个例子来看看。这里讲到的例子不仅会令提案者欣喜，也能令我自己感受到快乐。

对天体的观测或研究，一般会局限在时间、空间的框架中。我们先用“过去→现在→未来”这样带有方向的箭头作为时间轴。在这条轴上标注刻度就能得到日和年。虽然现在我们都知道一年有 365 天，但古代人是如何知道的呢?

他们先立一根垂直于地面的柱子，然后观察影子的长度。影子较短意味着太阳的仰角较大。早晨影子很长，在某个时刻（正午）影子会达到最短状态，之后影子会再次变长。第二天虽然会重复同样的过程，但每天影子的最短长度会随着日期发生变化。实际上，某一天（夏至）最短的影子会成为一年中最短的影子，在那之后影子会逐渐变长并在冬至达到最长，而后影子会再次开始缩短，夏至时影子最短，如此循环往复。这一循环的周期便是 365 天。说得更准确一点，应该是 365.25 天。为了调整多出来的这 0.25 天，每四年中会有一个闰年。日晷与花卉钟的设计也依照了这个原理。

接下来我们看看空间的情形。时间轴是一维的，但空间是三维的。若是不知道这一点，建筑师就造不出房子。

针对二维空间创立了欧几里得公理的古希腊人，应该也能正确把握三维空间吧。

但是，他们的天文学中还残存着古巴比伦人留下的传统，他们将投到天球面（二维空间）上的投影作为考察对象，虽然也考虑了赤道和黄道，但这种将三维物体投影在二维天球上的方法是行不通的。因此，行星食等问题最后还是被放在了三维层面上进行研究。另外，他们认为恒星是附着在天球上的。

恐怕古希腊新一代的天文学家已经构想出恒星是散布在整个空间（三维空间）中的宇宙图景了吧。若他们也认为太阳是恒星之一的话就了不得了，然而这一点无从考证。那么古希腊的天文学家设想的宇宙图景跟我们目前所了解的有多接近呢？我们可以从他们思考下面的问题并给出基本正确的答案这一点来推测。

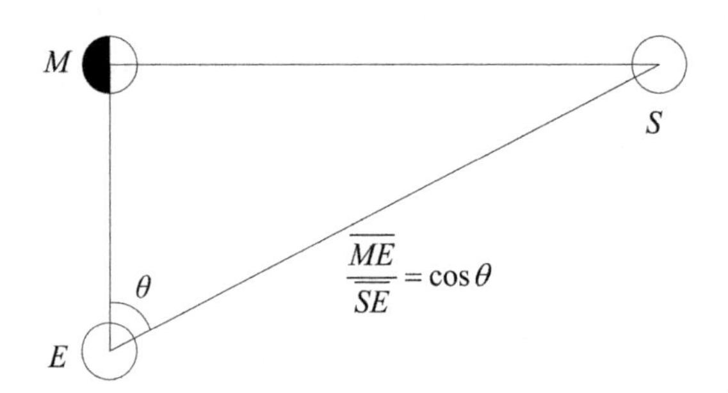

这张图是萨摩斯岛的阿利斯塔克（Aristarchus）在半月时对月球（M）与地球（E）间距离 $\overline{ME}$ 和太阳（S）与地球（E）间距离 $\overline{SE}$ 之比的推测。

因发明出筛选质数的方法而闻名于世的埃拉托色尼（Eratosthenes）也按照类似的思考方式，计算了地球半径的长度和地月之间的距离，之后又将得到的数据与阿利斯塔克的结果相结合，计算出地球与太阳之间的距离。利用这些数据，贝塞尔（Bessel）于 1838 年得出天鹅座 61 距离地球 11 光年这个结论（这是人类首次确定了恒星的位置）。

此外，阿利斯塔克还支持地球的自转与公转学说。那时（公元前二三世纪）正处古希腊数学的黄金时代，欧几里得、阿基米德等人研究出了许多成果。欧几里得著有《几何原本》，书中记述了平面几何学的公理、质数的个数是无穷的、正方形对角线与其一边的比值是无理数等结论。阿基米德则在数学、力学、积分论等方面开展了研究。

既然在那个年代有如此优秀的数学家与天文学家，为何没能在古巴比伦天文学的基础上取得重大进步呢？不管原因如何，古希腊王国已经出现了衰败的征兆。有传言说，古希腊天文学家的许多著作遗失了。

集古巴比伦天文学之大成的托勒密（Ptolemy）的著作《天文学大成》成为罗马、阿拉伯和中世纪欧洲的天文学主流。

之后，受文艺复兴的影响，天文学迎来了崭新的时代。哥白尼（Kopernik）主张地球绕太阳运动（日心说），并且比托勒密更简明地阐述了行星的复杂运动。第谷·布拉赫（Tycho Brahe）根据日心说，在不借助望远镜的前提下留下了极其精密的观测结果。布拉赫的助手开普勒以哥白尼的日心说为基础重新整理了布拉赫的遗稿，最终推导出流传后世的开普勒定律。

然而，这些成果全部是以描述天体运动为目的的，并没有跨出运动学的领域。另外，阿基米德已经着眼于平衡等力学问题，伽利略开展了对落体运动的研究，不单将运动看作几何学（运动学）问题，而是将运动的原因归为“力”的作用。牛顿引入了力学原理与万有引力，让阿基米德和伽利略播下的种子在天体力学的方向开花结果，并在此过程中创造了微积分学这一全新的数学分支。在这之后，欧拉将力学扩展至刚体力学，将地球的自转与公转放在天体力学的层面上考虑。每每看到数学与天文学像这样融合在一起，我总能感受到数学的乐趣。

（写于 1997 年）

数学的科学性与艺术性

大学的数学专业属于理学部，因此有些人会将数学看作自然科学中的一门学科。但像物理学家这样经常使用数学并与数学家十分亲近的人，最近渐渐感到数学与自然科学存在着不同之处。无论是数学家还是科学家，在使用语言、文字和记号进行交流这一点上是共通的。科学家，特别是物理学家，很多时候会使用数学语言。比如我们在将静止的水面称为“平面”时，物理学家会着眼于水面（外界）。水面才是研究对象，他们只是借用了“平面”这一数学用语而已。但如果乘船到太平洋上，就会发现水面不再是“平面”，而是“球面”。这样一来，在观察水面时物理学家就不需要使用“平面”这一词语了，只有在水面范围小到可以对误差忽略不计的情况下才能将其近似地称为平面。

因此，数学家口中的可以无限延展的平面，并不被物理学家所需要。但对数学家来说，平面所具有的无限延展的特性才是其重要的本质。平面并不是真实存在的，它是人们在观察实际的水面或平坦的地面后，在头脑中将其理想化的产物。

对外界的观察在平面这一数学概念诞生时起到了很重要的作用。一旦成形，它便与外界再无关系，成为只存在于我们的头脑之中的概念。现代数学以最简单、最基本的数学概念——集合为基础构造了所有的数学概念。例如表示随机运动的量的“随机变量”这一数学概念，就被定义为概率测度空间中的一个可测函数。只有这样，才能形成严密且优美的数学理论。

认为数学同外界没有关系也仅限于讨论其逻辑构成形式的时候。问题若变成如何发展某个数学理论，很多时候关注点就要回到理论中的数学概念是如何诞生的这一点上。然而，有时这个问题会被遗忘，大家只依赖逻辑的一致性来得到一些关于数学发展方向的崭新想法。以这种方式得到的结果揭示出自然的全新观点并为科学发展做出贡献的例子也不在少数。正因如此，数学才能长久发展至今。

数学概念是通过理想化、抽象化产生的。理想化、抽象化这种说法有些浮于表面，从科学家的角度来看，通过上述平面与水面的例子就能明白这不过是近似。如果实际是曲面，那么在数学概念中就会考虑其切平面。数学家当然不会就此满足，他们从欧几里得几何发展出黎曼几何，引入能表示曲面世界的数学概念，在前面提过的集合论的基础上有逻辑地整理这些内容。

但是，无论如何发展，外界都会愈发复杂，从科学家的立场来说，不过就是将数学作为近似模型来使用。因此，他们并不太在意数学家苦心建立的严密理论，对数学的使用可以说相当粗暴。举例来说，放射性元素的原子数 N 随时间衰变导致个数下降的状态可以用

$$\frac{\mathrm{d}N(t)}{\mathrm{d}t} = -\alpha N(t),\ N(0) = N$$

这个方程表示。方程中，$N(t)$ 是经过时间 t 后剩下的原子数，α 是单位时间原子的衰变率。由于 $N(t)$ 是整数，所以对那些知道“处处不可微的连续函数”存在的数学家来说，上面的方程简直令人无法忍受，但物理学家能淡然地解出上式，得到以下式子。

$$N(t) = N\mathrm{e}^{-\alpha t}$$

之后，半衰期 T 可以作为 $N(t) = \dfrac{N}{2}$ 的解写成下面的形式。

$$T = \frac{\ln 2}{\alpha}$$

如果让数学家把这个方程解个痛快的话，恐怕就是下式这样吧。如果设每个原子在时间 t 后未发生衰变的概率为 $p(t)$，式子如下所示。

$$\frac{\mathrm{d}p(t)}{\mathrm{d}t} = -\alpha p(t),\ p(0) = 1$$

求解可得以下内容。

$$p(t) = \mathrm{e}^{-\alpha t}$$

若一开始给样本中的原子分别编上 1, 2, …, N 这样的序号，则原子 n 在时间 t 后是否发生衰变分别对应 $X_n(t)=1$ 和 $X_n(t)=0$，时间 t 后未发生衰变的原子总数 $N(t)$ 便可看作通过

$$N(t) = \sum_{n=1}^{N} X_n(t)$$

所表示的随机过程。对上式两边取平均值，得到以下结果（$\overline{N(t)}$ 在数学中记为 $E[N(t)]$，这里选择了物理学家常用的 $\overline{N(t)}$ 这一表示方法）。

$$\overline{N(t)} = \sum_{n=1}^{N} \overline{X_n(t)} = \sum_{n=1}^{N} p(t) = Np(t) = N\mathrm{e}^{-\alpha t}$$

这个结果确实满足以下方程。

$$\frac{\mathrm{d}\overline{N(t)}}{\mathrm{d}t} = -\alpha \overline{N(t)},\ \overline{N(0)} = N$$

接下来，半衰期 T 可被表示为以下形式。

$$T = \inf\left\{t : N(t) < \frac{N}{2}\right\}$$

这也是一个随机变量。假定 N 个原子的衰变是相互独立的（因此 $X_n(t)$，$n=1, 2, \cdots, N$ 是独立的），理论上就存在计算的可能。虽然计算结果无法用简单的式子表示，但我们能明显看出 $\overline{T}$ 并不等于 $(\ln 2)/\alpha$。但在 N 的数值极大时，根据大数定律（这也是在数学上被严密证明了的），忽略极小概率，这样一来，$N(t)$ 与 $\overline{N(t)}$，T 与 $\overline{T}$ 之间便极为接近了，其中差异可以忽略不计。但从逻辑上来说，前者被勉强塞入常微分方程论的框架之中，而后者是以自然的方法在概率论的框架中思索而成的，二者完全不同。即使将原子衰变这一现象放在科学的角度去理解，后面这种用概率论去解释的方式也能让我们更加接近真相。

数学是逻辑的构造物，围棋和将棋也是逻辑的构造物。但是，数学是为了帮助我们理解实际的科学被创造出来的，而围棋和将棋只是游戏。因此，随着科学的进步，数学的内容被不断丰富，为了统一这些理论，数学不断深化和发展。若是将数学与科学的关系抛诸脑后，数学便会沦为游戏。这其中最极端的要数幻方[①]和约瑟夫问题[②]这样的"数学游戏"。把这些问题收集起来的书已经出版了很多本。这些问题作为数学家的智力游戏非常有用，其中有些问题并不好解，需要用到高等数学知识。但游戏再怎么说也只是游戏，不能算作数学。江户时代的数学家研究的算

① 由一组排放在正方形中的整数组成，其每行、每列以及对角线上数字的和均相等。——译者注

② 人们站在一个等待被处决的圈子里。计数从圆圈中的指定点开始，并沿指定方向围绕圆圈进行。在跳过指定数量的人之后，处决下一个人。对剩下的人重复该过程，直到只剩下一个人，这个人会被释放。问题即给定人数、起点、方向和要跳过的数字，选择初始圆圈中的位置以避免被处决。——译者注

术大部分也是游戏。这些数学知识虽与力学、工程学相互联系，但与欧几里得、笛卡儿本着论证精神建立的欧洲数学有着天壤之别，最终还是游离于科学之外。另外，利用欧几里得几何发现有趣的定理，或是沉迷于巧妙的证明和作图法等也不能算作数学研究。高中生在备战高考时，解答难题、怪题，虽然这对数学推理训练能起到一些作用，但也不属于数学研究。

数学游戏、日本传统数学、高中生备考虽说都不能算数学研究，但能为数学的萌芽提供契机。就拿欧拉来说，研究一笔画是他的兴趣，不足以和他伟大的解析学研究相提并论，但他的兴趣成了拓扑学创立的开端。进入 20 世纪后，拓扑学已经向拓扑空间学、流形论发展，成为现代数学的中心课题之一。通过对函数空间和微分方程的解的空间进行研究，人们也尝试站在流形论的角度重新诠释分析学和分析力学。但是，欧拉恐怕从未在头脑中预想过会这样发展，他的一笔画，归根结底也只是数学游戏，用与欧拉类似的想法对一笔画进行研究也只能归为游戏。

虽说江户时代的数学研究大多只能算游戏，但进入明治时期后，数学家对欧洲数学的引入做出了莫大的贡献。备考的高中生如果将来从事数学研究，其在备考时掌握的种种技巧想必也能在日后的研究工作中发挥作用。一生只研究应试数学便不可能真正研究数学，若某个国家的所有数学家在一段时期全都醉心于类似数学游戏的研究，这个国家的数学恐怕会就此荒废吧。帕斯卡（Pascal）和费马（Fermat）讨论掷骰子或投掷硬币的概率，他们研究的概率论如果只停留在这一层面的话，也只能算数学游戏。出现伯努利（Bernoulli）的大数定律，棣莫弗（de Moivre）、高斯、拉普拉斯（Laplace）的中心极限定理的研究后，20 世纪诞生了随机过程，由此概率论才称得上是数学。在这一背景下，帕斯卡和费马的概率论收录于数学教科书中。

我们在数学研究中总能见到反例。定理的多个假设中有任何一个存在错误，这个定理就无法成立，利用这一特点举出的反例可以令我们深入理解这个假设所带有的逻辑意义。数学专业的学生总是尝试举出反例，擅长举出反例的学生大多十分优秀。

比如阿贝尔（Abel）所举的“连续函数列的点点收敛的极限不一定连续”，还有魏尔斯特拉斯的“存在处处不可微的连续函数”都是历史上有名的反例。关于反例，埃尔米特（Hermite）曾说：“19 世纪的数学家为了实用而引入新的函数，而现在的数学家则为了证明前辈们的结论是如何不完整而引入新的函数。”[①] 但是，阿贝尔和魏尔斯特拉斯的反例确立了分析学的逻辑基础，在20世纪之所以能以康托尔的集合论为基础将数学的全部分支构筑成一个逻辑体系，使数学从自然中独立出来，这些反例功不可没。若这个逻辑体系没能被构建的话，柯尔莫哥洛夫也就不会打下概率论的测度论基础，概率论自然也不会成为数学的一个分支。在依靠集合论使数学的逻辑构筑告一段落的当下，数学家们安下心来，以全新的角度审视了以黎曼为最高峰的19世纪风格的数学。流形论的盛行就体现了这一点。埃尔米特若能见到这番景象，便能明白在现在反例也在起着积极的作用。

数学与游戏的不同之处就在于数学有通过考察实际科学汲取养分，之后以一种论证精神消化和发展的历史背景。因此，数学能为科学所用也是理所当然的。这应该说是数学中科学的那一面。

回顾一下数学的历史，就会发现数学也存在艺术的一面，或者说纯粹数学的一面。那些只在研究时才会利用数学的科学家中就有一些人看不见数学的这个侧面，甚至认为数学是从属于科学

① 参考萨克斯所著《积分论》的序言部分。

的。从这个角度出发，他们肯定无法理解那些证明高斯的素数分布公式

$$\pi(x)\text{（=小于等于}x\text{的素数的个数）}\approx\frac{\ln(x)}{x}$$

以及为了将其详细化而努力的数学家们的心情。他们恐怕也不明白“维纳的布朗运动几乎处处不可微”这一定理到底有什么用。但是，站在数学的立场上来说，纯粹数学是数学非常重要的一面。说实话，正是源于数学的这一面，数学家们才将数学看作人类重要的文化财产。

是否认可数学是文化财产这一问题，因为牵涉每个人的人生观，所以很难回答。我在美国时，曾在电视上看到过一个每年只织一块美丽布匹的八十多岁日本老妇人的故事。这位老妇人在寒冷的冬日踏入白雪皑皑的树林，将树皮剥下，再将其浸泡于融雪形成的河水之中。她用树皮制作线绳，织成炫目的美丽布匹。技艺无人继承令她十分烦恼。她的儿子和儿媳忙于自己的工作，对这项技艺并不上心，当然也没有人来做她的徒弟。万幸的是，她的孙女在读高中时被老妇人打动，决意学习这门技艺。每日清

晨，女孩会在祖母的带领下祭拜镇守森林的神祇，之后便静心给祖母帮忙。老妇人手工织布的情景与日本现代化纺织工厂形成了鲜明的对比，在没有员工的房间中，布匹宛若飞流直下的瀑布一般从织布机中流淌而下。

看完这个故事，我深受震撼。当下恐怕已经没有人会穿着用这位老妇人织成的布匹制作的成衣了。我们穿着的衣服，是用像一川瀑布一样流淌而下的布匹制成的。如果说老妇人的布匹让我们感受到的是她饱含着毕生心血所追寻的理想，那么我们从现代工厂的布匹中感受到的就是日本作为工业国呈现出的强大的商魂。从这个电视节目中可以看到超越了实用性的价值。若无法认同这种价值，恐怕也无法理解数学中艺术的（纯粹数学的）那一面。

在这里，我并没有打算将数学中科学的一面比作工厂的布匹，将艺术的一面比作老妇人所织成的布匹。我想表达的恰恰与此相反。对布匹来说二者虽截然不同，但对数学来说，其科学的一面与艺术的一面是密不可分的。理论是受数学逻辑的整合性与美感的引导从纯数学的角度开发出来的，我们用这种眼光来看客观实在，反而能看清存在于自然中的数学本质，并由此取得全新的素材，使数学取得飞跃性发展。这正是历史所展现出来的。

数学专业的学生初次被数学的魅力所俘获，恐怕是在他们学习伽罗瓦代数方程论的时候。这个理论被建立的契机是“五次以上的方程没有公式解，四次以下有公式解”这一数百年来一直悬而未解的难题，而这个问题表示的意思只需大学程度的数学知识就能够理解。我们现在学习的并不是阿贝尔或伽罗瓦接触的那些难题，而是在那之后经过数百年整理打磨的成品，内容简洁明快。仅凭这一理论，数学就已经可以被称为值得人类夸耀的文化财产了。如果有人就这个理论有何用处提出疑问，我会回答他：“这一理论正是没有被应用染指的纯粹数学的财产。”（参考哈代所著的《纯粹数学》的序言。）

但是，这种对纯粹数学的礼赞基本无视了历史的现实。第一，伽罗瓦并不是为了建立这个理论才突然想到群这一概念的。群的概念应该是通过画法几何（射影几何学的前身）、运动学、力学，以变换群的形式在当时的数学家心中萌芽的。画法几何、运动学和力学通过对自然进行科学考察来建立，所以若是溯源的话就会回到数学中科学的那一面。若是着眼于伽罗瓦之后百余年打磨这一理论的过程，我们就会发现其中积累了很多内容，比如在魏尔斯特拉斯、戴德金、康托尔秉持着欧几里得、笛卡儿的论证精神创造出严密的实数理论后，康托尔又创造出集合论，将拥有代数结构的集合作为域的概念，正是因为这样的积累，才有了现在明快的伽罗瓦理论。

就连康托尔的集合论，也起因于三角级数论（傅里叶级数论）。三角级数是傅里叶为了热传导理论引入的，所以科学的一面也在此显露出来。诚然，将群的概念与方程论结合在一起是伽罗瓦的天才想法，但阿贝尔和伽罗瓦都读过当时著名数学家和物理学家拉格朗日的著作，因此不可能只就五次方程进行思考。若只是沉醉于大学学到的伽罗瓦理论之美，只被数学的艺术的一面蒙住双眼而错过其科学的一面，便无法一览数学的全貌。

伽罗瓦理论出现之后，群这一概念在 19 世纪数学的诸多领域中扮演了中心角色，并且通过微分方程论和分析学被数学物理学所用。外尔的《群论和量子力学》虽广为人知，但如今在量子力学的研究中，群表示理论已经不可或缺了，这一点是公认的事实。这是一个从数学的艺术的一面向科学的一面回流的著名事例。

在数学家中，既有倾向于研究数学科学那一面的人，也有倾向于研究数学艺术那一面的人。这种倾向也有可能在人生的不同时期发生变化。但是，如果所有的数学家都偏向其中一方，那么数学也就无法继续发展了吧。

（写于 1980 年 1 月）

第 4 章

概率论是什么

概率论的历史

我是伊藤。大学毕业后，我其实先在大藏省工作了一年，之后在内阁统计局工作了四年。在此期间，我参与了一些与保险相关的工作，因此成了精算师协会的预备会员。那时作为概率论的基础，柯尔莫哥洛夫的测度论基础上的概率论盛极一时，大概在1939年左右，我也在精算师协会介绍过这一理论。五十年后的今天，能再次获得演讲的机会，我深刻感受到了与精算师协会的不解之缘。

我原本想先简述一下概率论的历史，然后向大家介绍一下将在明年（1990年）8月末举行的国际数学家大会，以及我引入的随机微分方程。可按照这一思路将话题整合在一起，我发现先对数学整体进行讨论，然后作为话题的延伸，谈谈国际数学家大会，最后再稍微谈一下我目前从事的研究工作比较合适。要讲的内容多少与题目有些偏离，还望大家见谅。

首先，我想先讲一讲数学究竟是一门怎样的学问。关于数学与物理学的区别，著名数学家赫尔曼·外尔曾说：“物理是一门研究存在的学问，而数学则是一门研究万物存在形式的学问。”我认为这句话中的物理，也可以指代化学、生物学、经济学等数学以外的学科。

我以浅显的方式解释一下外尔先生所讲的这句话吧。我们经常接受问卷调查，调查问卷上会设有姓名、住址、出生日期、职业、兴趣等项目。我们称它为调查问卷的格式。我们可以把这个格式看作数学，把被调查者在问卷上填写的内容看作物理学。这里或许将物理学换作实验物理学更为合适。数学物理、数理生物学、保险数学、数理经济学等，广义上都可以算进数学的范畴。

前面我也说过，数学是一种形式，或许也可以说是一种模式。要说具体是哪种模式，我认为是逻辑模式。更确切地说，是集合论。关于这一点，我将在后面说明。

但是，如果将数学从逻辑的角度看作集合论，那我们只能触及数学的皮与骨，无法将数学的血肉一并概括进去。事实上，数学是伴随着人类的进步不断发展的“生物”，数学的实体便潜藏在这发展之中。因此，我们先来总览一下数学的发展历史吧。

根据历史年表，日本从旧石器时代起，经历了绳文、弥生、古坟、奈良、平安等时代，直至现在的平成。中国则经历了夏、商、周、秦、汉、隋、唐、宋等朝代。印度从达罗毗荼文明发展到印度文明，西方则从古埃及文明、美索不达米亚文明、古希腊文明、古罗马文明、阿拉伯文明等发展至现代的欧美诸国。

人类历史上初次诞生的数学概念是自然数[①]1、2、3……这些数字的英文是 one、two、three、four、five、six、seven 等，其中 two 和 three 都以字母 t 开头，four 和 five 以字母 f 开头，six 和 seven 以字母 s 开头。即使在这些原始的数学概念中，我们也能找到这种不知该说是规则还是逻辑的规律。日语的数词中也蕴藏着与此全然不同的有趣规则。1（hi）和 2（hu）均以 h[②] 开头，3（mi）和 6（mu）均以 m 开头，4（yo）和 8（ya）均以 y 开头。能够看出，每一组首字母相同的数字的比值都是 1 比 2。使用这种数词的民族极为罕见。据我所知，仅太平洋的某岛有相似的情形。但是，给所有的数字逐一命名委实太过烦琐，因此有了十进制。在十进制诞生之前，美索不达米亚文明还存在着二十进制、十二进制、六十进制等现在被归为计时法、度量衡等的计数方法。十进制虽然在中国已有悠久的历史，但它是由阿拉伯人传入欧洲的。

① 本书中的“自然数”不含 0。——编者注

② 这里的 h 指的是这些数词的日语罗马音中的 h，后文中的 m 和 y 指的也是日语罗马音。——译者注

阿拉伯人发明了进位计数制。古代中国虽然使用了十进制，但在书写的时候并没有进位，在表示 151 103 这样的数字时，会将其写成十五万一千一百零三。也就是说，除一到九的基数外，还必须使用十、百、千、万等。若想表示更大的数字，还需要用到亿、兆、京等表示更大数目的词，可谓无穷无尽。若使用进位计数制，只需用阿拉伯数字的 151103 表示即可，简明易懂。这时需要在 1, 2, 3, …, 9 中加入 0 作为基数，这个数字 0 可以说是一大发明。虽然 0 最先出现在印度，但将其应用在进位计数制中使十进制家喻户晓的是阿拉伯人。

在阿拉伯的计数制出现很久之前的古埃及文明与美索不达米亚文明中，由于日常生活的需要，诞生了实用数学，用来解决初等算术问题、代数问题和几何问题。从采集经济的时代发展到游牧、农耕时代后，这类实用数学不断发展，可以用来解决天体观测、土地测量、粮食保存计划等问题。在中国，数学也是以同样的方式产生的。

进入古希腊时代后，数学才作为一个超越了实用意义的学科体系建立起来，人们开始尝试以论证的精神构筑数学这门学科。其中典型的成果便是欧几里得的《几何原本》。在欧几里得生活的时代（公元前300年左右），人们已经了解了勾股定理、相似图形、比例理论和其他几何学知识，应该也在一定程度上思考了这些知识之间的联系。欧几里得就构成平面图形的基本元素，也就是点和直线进行了思考，并尝试从“过两点有且只有一条直线”“两条直线要么平行要么相交”这种无须证明的性质出发推导出图形所有的性质。这是最初被体系化的数学，也标志着数学成为一门学科。现代数学依然沿袭着欧几里得的精神。

至于这门伟大的学科为何诞生在古希腊，我一直觉得不可思议，至今也没有找到答案。在欧几里得的时代，古希腊的哲学兴盛异常，注重理性思考，对任何事都讲究追根溯源，试图从本源出发解释其他事物。另外，智者十分活跃，经常相互争论，因此形成了从逻辑角度出发去思考事物的习惯。

同一时期的中国正处于以孔子为代表的春秋时代。当时百家争鸣，成为之后中国学问的本源。尽管重视智慧的思想在东西方形成了统一，但以论证为基础的数学最终没能在中国形成。

在这之后的古罗马时代，罗马人拟定了法律，铸造了货币，在政治和经济方面飞速发展，但在数学上几乎没有什么成就。阿拉伯人通过经商发展出十进制，为东西方的文化交流做出巨大贡献。但是，他们将欧几里得的以论证为基础的数学精神抛诸脑后，数学沦为了贵族子弟接受教育的必修科目。

除了几何学，古希腊人还就数论中的质数和无理数进行了深入思考，但令人不解的是，他们没能想到对实际生活有巨大帮助的十进制。其中缘由恐怕在于数学只有学者才去研究，而他们并没有着眼于实际生活中出现的新的数学事实。即使有关注的想法，在没有工业的农耕社会，我认为也找不到可以给数学家灵感的素材。

之后经过黑暗的中世纪，文艺复兴运动展开，工商业再度兴盛，人们生机勃勃，新的数学在欧洲相继诞生。以文艺复兴为契机，“从根源出发，以逻辑的方式推导出复杂的结论”这一欧几里得几何的精神复活，也对代数产生了影响。韦达（16 世纪）以加减乘除的基本运算法则——交换律、结合律、分配律为起点将代数学体系化，他也因此被称为代数学之父。而后，笛卡儿（17 世纪）将平面上的点用两个数字（坐标）来表示，创造出利用代数来研究几何学的新方法。

韦达和笛卡儿所处的时代可以算是欧洲数学的摇篮期，在那之后，以无穷、极限、连续和运动为研究对象，数学开始急速发展，直至微积分学的确立这一伟大成就诞生。这一成就萌芽于古希腊时代阿基米德（公元前 3 世纪）思考的如何避免无穷这一问题，而这引发了离散对象与连续对象之间的矛盾。欧洲数学斩断了这一思想上的束缚，踏入了一个更加广阔的世界。契机正是伽利略（16 世纪 ~17 世纪）对天体的研究。

详细的情形暂且不谈，我们继续微积分学的话题。当时产生了一些精彩绝伦的观点，比如将曲线看作由“小曲线段（弧）构成，每段弧对应的线段（弦）几乎（按现在的说法，除去高阶无穷小）可以认为是相等的，求出这些小线段长度的和，也就求出了曲线的长度”，还有“运动可以看作无限接近的两个时间点之间的直线运动，将这些直线运动相加，就可以求出有限时间内物体的位移”等。通过微分求出曲线或运动的微小变化，然后将之求和就是积分。在这里非常重要的是，把微分看作直线这一点，现在被称为线性化（linearization）。

这一崭新的数学领域叫作微分学（differential calculus），与此相对，在此之前的代数方法被称为有限元分析。与代数方程相对应，微分方程诞生了，它非常适合用来表示物理学新领域中的诸多法则。质点系的牛顿方程、流体力学中的欧拉方程和拉格朗日方程等，都是微分方程。如此一来，数学的内容就变得丰富多样。这就是 17 世纪和 18 世纪的分析学。在那个时代，复数也在形式上被引入，并被有效利用起来。

古希腊数学的论证精神，在这个时代的数学发展中也扮演着重要的角色，但分析学没能像欧几里得几何那样形成一个严密的体系。当时的数学家们怀有不安，但还是将直观的、形式上的推论混进理论中，一味地前进着。

进入 19 世纪后，高斯用平面上的点表示复数，建立了有关复数的严密理论，柯西根据 $\varepsilon-\delta$ 定义确立了连续函数的定义等，逐渐巩固了分析学的基础。就这样，数学成果不断涌现，我们甚至可以称 19 世纪为数学的黄金时代。对数学的逻辑上的探讨也日益热烈，非欧几里得几何也应运而生。进入 19 世纪末，基于魏尔斯特拉斯、戴德金、康托尔等人的研究，实数的严密定义才终于诞生。

进入 20 世纪后，像欧几里得几何这样严密的体系才在数学的全部分支中实现。这里需要预先强调的是，如果以现代的眼光审视，欧几里得几何绝对称不上完整。但是，从基本要素（点、直线）和与其相关的基本性质（公理）出发去构筑几何学的思想是非常重要的。

17 世纪到 19 世纪诞生了无数全新的数学理论。这些理论间具有复杂的关系。对这些理论加以整理，并全部通过基本要素和基本性质推导出来，会让人觉得其难度是建立欧几里得几何所无法比拟的，但其实很简单。整个数学的基本要素是集合，基本性质是集合论的公理这一事实在 20 世纪已经被阐明。换句话说，数学从逻辑上来看就是集合的理论。引入集合论的康托尔最初也许并没有想这么多，但从结果来看确是如此。

逻辑学中有内包和外延的概念。内包是一种性质，外延则是具有这种性质的事物的集合。将性质 A 和性质 B 的外延记为 A′、B′ 的话，从 A 可以推出 B，这表示 A′ 包含于 B′（$A'\subset B'$），“A 或 B”这个性质的外延是 A′ 和 B′ 这两个集合的并集（$A'\cup B'$）。关于性质的所有命题都可以用与外延（集合）相关的命题表示。从这一层面去考察数学的性质，其实可以归为对集合的考察。

好了，集合论（其实是数学整体）的基本要素就是集合。如果有两个集合，那么 A 要么是 B 集合中的元素（$A\in B$），要么不是。这就是集合的基本性质。光靠这一点还不能构成数学，我们还需要假设其他几条基本性质（公理）。这些公理之间存在矛盾会比较麻烦，所以人们对此展开了种种探讨，由于专业性太强，我在这里就不介绍相关内容了。大家只需知道，现在这些公理不存在矛盾就可以了。

我们将没有元素的集合称为空集（$\varnothing$），也可以记作0。将0作为元素的集合{0}记作1，将0和1作为元素的集合{0，1}记作2，以此类推，那么$3=\{0, 1, 2\}$，$4=\{0, 1, 2, 3\}$。这样的集合可以通过事先给定的公理得到。这样一来，我们就可以定义自然数（包括0）了。从这里出发，我们也可以定义负整数、有理数、实数、复数，通过坐标定义二维空间、三维空间和n维空间等。代数系（群、环、域）或拓扑空间、可微分集合域、概率空间等现代数学中的基础体系都在集合中加入了结构（structure），这个结构通过映射定义，映射结合图像以集合的形式表现出来。因此，所有数学领域的定义或定理都能在集合论的框架中表现出来，定理的证明也能利用集合论的语言来表述。从这一层面上讲，数学在逻辑上可以说就是集合论了。

但是一般的数学书中并不会这样介绍。不过，在对某些推论产生疑问时，只要思路回到集合上，就可以得到答案，能做到这一点的才算得上是数学理论。

如果说能回归到集合的内容作为数学理论有存在的价值，那么为了记述科学中的诸多现象而被引入的数学理论，以及引申出来的数学理论也是有价值的，这些理论还能带来从纯粹数学的角度看也很有趣的结论。数学就这样与科学紧密相连。

以上便是欧洲数学的发展状况。虽然在中国、印度和阿拉伯，埃及、美索不达米亚的实用风格数学也在蓬勃发展，但基于论证的希腊风格的体系化数学并没能成为主流，与物理学、工学息息相关的微积分学、分析学也没能诞生。

我们来就日本的数学历史思索一番吧。古希腊欧几里得时代正值日本的绳文时代末期，人们通过采集获得食材，还没有进入农耕时代。由此可见，日本文明和古希腊之间的巨大差距。那时，欧洲也处于与日本相似的状态，无论是日耳曼人、斯堪的纳维亚人还是斯拉夫人，都还过着在森林中狩猎的生活。

在即将进入奈良时代时，律令制由中国传入日本。在整顿了国家制度后，又吸纳了中国的数学（算术），与明经道、历道、阴阳道一同，建立了研究算道[①]的算寮、算博士、算生制度。日本学习中国文化并将其本土化，并在音乐、美术、诗歌文学等领

① 日本律令制下的大学寮中研究算术的学科。——编者注

域创立了独特的文化这一点大家都非常熟悉了。但那时在数学上，我们还毫无建树。当时，中国已经出现了应用数学（以算术为主）的教科书，由此，算寮中应该已经开展了数学教育。假名被发明出来之后，日本人写下了无数优秀的小说、日志、随笔，但没能留下一本用日语编写的数学启蒙教材，这实在是令人匪夷所思。此类教材直到数百年后的江户时代才出现。

那时，阿拉伯和欧洲的数学专著已经传入中国，并被翻译成中文。中文译本传到日本后，对江户时代的日本数学造成了巨大影响。关孝和、建部贤弘等人创立了被称为“和算”的独特数学。其留下的成果中不乏有一些早于欧洲的数学发现，不禁让人们佩服他们的智慧。然而，这些成果并没有基于论证精神被串成一个体系，并且缺乏与其他学科的关联，仅停留在技术层面，没能成为一门学问。

就这样，古埃及、美索不达米亚、古印度、中国、古希腊、阿拉伯等各文明中孕育出了不同的数学，可最终只有从古希腊连接到欧洲的数学传统被保留了下来，其他的要么被吸收，要么枯萎消失了。

日本的明治新政府吸收了欧洲文明，在引入制度和学问的时候，也保留了日本自古以来的传统，其中最重要的当属日语。数学也算作一种语言，虽然江户时代的和算传统保留了下来，但明治新政府对于义务教育阶段的数学应该教使用算盘的日本数学，还是教使用笔算的西方数学进行了激烈的讨论，最终决定教西方数学。这一选择的正确性可以说不言自明。不过，因为没有能教笔算的教师，所以只能让当初反对教西方数学的和算家们紧急学习，然后给学生上课。这样的方法之所以能够成功，是因为江户时代便有了和算，全国有数万家寺子屋[①]教授算盘课程。

这里，我想简单谈一谈与数学的信息交流相关的内容。日本的和算家们，其本职也都是武士、医生等，属于知识分子，当时还并不存在数学家这样的职业。欧洲也是同样的情形。在日本，人们倾向于不公开自己的成果，将之视为秘传，向其他研究者提出自己已经解出的问题并相互挑战。在京都的八坂神社中，至今还能看到写着这类问题的算额[②]。据说，欧洲也有类似倾向。随着欧洲外语学习的兴盛，所有的讲义和论文都使用拉丁文来写。在那之后，虽然也渐渐开始用本国语言进行学术研究，但牛顿（17

---

① 日本江户时代寺院所设的私塾。——编者注

② 算额是日本江户时期出现在神社和寺庙里的几何题。——译者注

世纪）、欧拉（18 世纪）、高斯（18 世纪 ~19 世纪）的著作全集中依然有很大一部分使用了拉丁文。在 18 世纪，大学中已经设立了数学专业（其中包含理论物理学和天文学），讲义摘录和论文也被大量出版，还出现了定期出版的数学杂志，数学协会也应运而生。日本也在明治初期出现了数学协会，它就是现在日本数学会的前身。通过图书、杂志、论文的交换，信息交流得以迅速流畅地进行。即便如此，在第二次世界大战之前，这样的交流也需要一个月以上的时间，而现在，得益于传真、喷气式飞机等，信息交流只需一周便可完成。

就这样，数学世界实现了全球一体化，将全球数学家聚集在一起讨论数学问题的国际数学家大会也开始举行。第一届大会于 1897 年在瑞士的苏黎世召开，全球共有 204 位数学家参加，但其中并没有来自日本的数学家。之后，大会每四年召开一次，持续（除去因第一次世界大战、第二次世界大战中断的情况）了差不多一百年。日本人（1 位）初次参加大会是在第二届（巴黎）。

明年（1990 年），第二十一届国际数学家大会将在京都（国际会馆）召开。历年来大会都在欧美国家举办，不过最近日本在数学上的显著进步获得了国际上的认可，加之日本举办大会的愿望非常强烈，所以上一届大会（美国伯克利）通过了本届大会在日本召开的决定。据估计，与会者能达到 3500 名（另有同行者上千名）。大会上除演讲外，还会为有卓越研究成果的年轻数学家（40 岁以下）颁发菲尔兹奖、奈望林纳奖等奖项。日本的小平邦彦博士（1954）和广中平祐博士（1970）都获得过菲尔兹奖。

在国际数学家大会召开期间，用于推进数学研究和教育而设立的国际数学联合会在神户国际会场召开大会，届时各国代表都将出席。出席会议的代表人数同各自国家的数学实力相对应，最多可有 5 位出席，日本同美国、英国、法国、西德和苏联一样，拥有 5 名代表出席权。

这个国际会议虽是由日本数学会和日本学术会议，以及与数学领域渊源颇深的日本数学教育学会、日本运筹学会、日本科学史学会、日本软件科学协会、日本统计学会、日本精算师协会与国际数学联合会共同举办的，但承担事务的主要是日本数学会。日本数学会为了筹备会议组建了运营委员会和组织委员会，准备工作不断向前推进。当时最令人头痛的是筹措经费的问题。所幸财界的朋友不遗余力慷慨解囊，现在前景十分乐观，数学会的会员们也都安下心来，全身心投入到筹备工作中。保险业、金融业等行业的人也给予了大会大额赞助，借此机会，我也想向与这些行业有紧密联系的精算师协会的各位表示诚挚的谢意。

虽然分配给我的演讲时间所剩不多，但就像方才所说，接下来我会向大家介绍概率论的历史，以及我对微积分方程的一些研究工作。

数学和天文学可以说是历史最悠久的学科，现代数学的很多分支发源于美索不达米亚和古希腊的古代数学。古代人应该也有概率的概念，但第一位将其用数值表示的，还是以三次方程的解法而闻名于世的卡尔达诺（Cardano）（16世纪）。在这之后，帕斯卡和费马建立了更加体系化的概率论的雏形。他们处理的问题大多与赌博相关。18世纪后半叶，伯努利证明了“在实验条件不变的情况下，重复试验多次，随机事件的频率接近于它的概率 p”这一大数定律，由此，概率与统计的关系也清晰起来。概率论并不是只与赌博相关的数学，它是可以应用在人口问题、保险问题中的颇为实用的数学。之后，微积分学和分析学的方法也被引入概率论中，涌现出了拉普拉斯的《概率的分析理论》、高斯的《绕日天体运动的理论》等著作。19世纪，数学的各个领域都在蓬勃发展，与此相比，概率的数学理论却没有什么像样的成果。不过，伴随着经济统计学和经济物理学的发展，概率论不断出现新的素材。其中最重要的，是描述随时间变化的偶然现象的随机过程，这其实是描述运动的函数这一概念的概率版本，它在牛顿的时代确立。

进入20世纪后，集合论为数学的各个理论打下基础，这一影响也波及概率论。从19世纪到20世纪初，人们明白了概率的数学本质是测度。这是因为波莱尔（Borel）和勒贝格（Lebesgue）所研究的新测度论及积分论的诞生使面积和体积被严密定义。这一思想虽然最初只在单个问题上体现，但随着柯尔莫哥洛夫在概率空间的基础上建立起概率论，概率论整体终于实现了体系化。19世纪末，与各科学领域中的统计现象相关联的随机过程也完全能以数学的方式进行研究。

这样一来，几个基本的随机过程，比如维纳的布朗运动（现在被称为维纳过程）、莱维的独立增量过程，还有辛钦的平稳过程等都被详细地研究了。在随机过程论创立的初期，虽针对某些时点的值进行过联合分布的研究，但很快研究重点就转移到随机过程的样本路径的性质上了。样本路径可以说是随机过程的本质。

柯尔莫哥洛夫开始考虑与普通动力系统相对的概率上的动力系统，最终推导出确定其转移概率的柯尔莫哥洛夫微分方程。我深入挖掘潜藏在柯尔莫哥洛夫思路中的线索，开始考虑可以直接表示支配概率动力系统的样本路径的微分方程，并为了求解方程定义了随机积分和随机微分。对结果取平均值后，就得到了柯尔莫哥洛夫的微分方程。这一理论在日本、法国、苏联和美国的众多研究者的努力下实现了一般化，现在已经发展成一个名为随机分析的领域，控制、推测由随机微分方程确定的现象的理论也已经被建立起来。

在随机分析中，需要把在一般微积分学中惯用的

$$\mathrm{d}f(x) = f'(x)\mathrm{d}x$$

这一基本等式写成下面的形式。

$$\mathrm{d}f(x) = f'(x)\mathrm{d}x + \frac{1}{2} f''(x)(\mathrm{d}x)^2$$

这个公式通常被称为伊藤公式。现在，这个公式有了更为一般的形式。

最近，随机分析在日益发展，法国的马里亚万引入概率变分法，创立了极其深奥的理论。这一理论被称为马里亚万随机分析。不只法国的研究者，日本、美国、英国的众多研究者也为理论的发展添砖加瓦。就这样，我引入的随机微分、随机积分因众多数学家的贡献而茁壮成长，这完全超出了我的预期，对我而言实数侥幸。我把自己微不足道的研究放在内容宏大的演讲中，虽难以为颜，但还是依照事先安排为大家做了介绍。

谢谢大家。

（写于 1989 年 3 月）

从组合概率论到测度论基础上的概率论

概率论与其他数学分支一样，都是为了人类理解自然而创造出来的精神财产。天气、灾害、经济波动等数不清的现象都需要考察概率，但这些现象无论哪个都极为复杂，因此也产生了诸多迷信的说法和风俗传说。17 世纪，帕斯卡和费马就最简单的抽签和掷骰子游戏进行了考察，踏出了从数学角度研究概率理论的第一步。虽然 17 世纪前半期的概率论基本围绕赌博问题展开，但还是引入了事件和其发生概率、随机变量及其期望、事件的独立性等重要概念。在对象为有限可能时，研究手段有排列和组合两种。我们将这个时代的概率论称为组合概率论。

在这种状况下，伯努利能证明大数定律实属令人惊叹。虽然所有人都注意到概率为 p 的事件进行多次（n 次）实验，大概会发生 np 次，但伯努利的大数定律并不是这种笼统的东西。伯努利证明出当把上述情况下发生的次数 R 作为随机变量，设 ε 为大于 0 的任意值时，

$$\left|\frac{R}{n}-p\right|>\varepsilon$$

的概率，也就是

$$\sum {}_nCr\cdot p^r(1-p)^{n-r}\text{（}r\text{ 在 }|r-np|>\varepsilon\text{ 的范围内变动）}$$

在 $n\to\infty$ 时趋近于 0。这一大数定律体现了概率论是统计学的数学基础，可以说大数定律是概率论中最古老的金字塔。

17 世纪后半叶，费马、牛顿和莱布尼茨发展了微积分学，在一些情况下可以处理连续体几何学或是球面天文学问题。因此，这个时代的概率论也被称为几何学概率论。

在引入了从 18 世纪到 19 世纪飞速发展的分析方法后，概率论也取得了显著的发展（棣莫弗、拉普拉斯、高斯）。

自 18 世纪末起，效仿平面几何学公理化（欧几里得，公元前 3 世纪），涌现出一股确立分析学基础的风潮，拉普拉斯以公理化概率论为目标，确立了加法定理和乘法定理。在那之后，虽然布尔、戴德金等人也进行了尝试，但结果适用的范围极为有限。

另一方面，在19世纪，虽然保险、物理学和生物学等领域因引入统计学方法而取得了长足的进步，但从数学角度来看还是不够完备。不过，从为20世纪取得显著发展的随机过程提供了众多素材的意义上来说，这些统计方法为概率论做出了巨大贡献。

从19世纪末开始，分析学的公理化取得了显著的发展，波莱尔、勒贝格给出了面积和体积的完备定义。与此同时，人们认识到概率和面积、体积属于同一范畴（测度）。到了20世纪30年代，随机过程也进入人们的视野。柯尔莫哥洛夫的测度论基础上的概率论的诞生，终于为从拉普拉斯开始的概率论的公理化问题画上了终止符。

（写于1988年3月）

柯尔莫哥洛夫的数学观与成就

当得知1987年10月20日，苏联伟大的数学家柯尔莫哥洛夫教授与世长辞的消息时，我宛若失去支柱一般，无比哀伤与寂寞。自学生时期（1937年）读了他的名著《概率论基础》并立志研究概率论以来，我在这条道路上坚持了五十余年，对我来说，柯尔莫哥洛夫就是我研究数学的基石。

我只与柯尔莫哥洛夫教授有过三面之缘。第一次见面是在1962年国际数学家大会（斯德哥尔摩）上。开幕式开始前，我在大厅闲逛，耳边突然传来了亲切的声音："Ito? Kolmogorov."（是伊藤吗？我是柯尔莫哥洛夫。）我虽吃了一惊，但欣喜异常。他用德语问我多大了，我回答："Sieben und vierzig."（47岁。）他又问："DreiBig ?"（30岁？）这么问恐怕是因为日本人大多看起来年轻，我大概看起来也比实际年龄要小上十来岁吧。之后过了两三天，克莱姆教授（瑞典的大学联席主任，主要研究概率论、分析整数论）将与会者中与概率研究相关的差不多十名研究人员邀请到家里，举办了晚宴。与柯尔莫哥洛夫和杜布一同，我也受到了款待。

和柯尔莫哥洛夫再见就到了 1978 年。参加完国际数学家大会（赫尔辛基）之后，我又参加了概率统计国际学术研讨会（维尔纽斯、立陶宛、苏联），在归途中顺路去了莫斯科。当时我与瓦拉丹（Varadhan）（纽约大学）和普罗霍洛夫（Prokhorov）（苏联科学院）一起应柯尔莫哥洛夫的邀请，在克里姆林宫旁边的高级餐厅共进午餐。那段时间柯尔莫哥洛夫热心于高中的数学教育，他自己也聚集了很多优秀的学生并亲自授课。我听说这件事后，便询问了他授课内容。他回答我说主要是一些培养学生数学观察能力的内容，比如向学生展示简单的向量场（速度场）图，然后让学生用图来表示其积分曲线，或是思考具体的分支过程等。

第三次见面是在第比利斯（1983 年）召开的日苏概率统计研讨会上。那时他身体状况不佳，但还是进行了演讲，在宴会上也尽力炒热气氛，能看出年轻人对他十分敬仰。

柯尔莫哥洛夫几乎在数学的所有领域都有独特的想法，并引入了崭新的方法，虽然留下了优秀的成果，但他并没有高高在上，而是给人一种不修边幅的敦厚君子的感觉。这才是真正伟大的数学家。

我经常拜读柯尔莫哥洛夫的论文，借着起草这篇文章的机会，我再一次直接或间接地回顾了一下他所做的工作，并被他研究内容的广度和深度所震撼。受时间和篇幅的限制不能一一介绍，但我希望可以将自己体会到的感动传递给读者几分。

在这里还要向在查找资料时对我极为关照的吉泽尚明（京大）和池田信行（阪大）两位教授以及京都大学数理解析研究所图书馆的各位工作人员表达诚挚的谢意。

柯尔莫哥洛夫的经历

根据柯尔莫哥洛夫 70 岁生日时格里汶科（Clivenko）的演讲内容，柯尔莫哥洛夫于 1903 年出生于俄罗斯的坦波夫。他的父亲是一名农学家，母亲在他出生后不久便撒手人寰，他则是被他的姨母们带大的。柯尔莫哥洛夫在 1920 年（17 岁）入读莫斯科大学以前，曾在铁路上做列车员，他利用闲暇时间撰写了关于牛顿的力学法则的论文。虽然这篇论文的原稿没有被保存下来，但我们依然能够想象他在少年时期就已经多么有才了。那时，正值俄国革命（1917 年）爆发，虽然我很想了解当时的环境究竟如何，但目前并无头绪。

1920 年，柯尔莫哥洛夫正式进入莫斯科大学学习。他最初对俄国的历史抱有兴趣，曾就 15 世纪、16 世纪的诺夫哥罗德的财产登记进行过调查。之后他又加入了斯特潘诺夫的傅里叶级数（三角级数）的研讨会，1922 年他撰写的关于傅里叶级数、分析集合的著名论文（后面会叙述）震惊了数学界，在那之后他又以行空天马之势接连发表了重要的研究成果，并于 1925 年从莫斯科大学毕业，1931 年评为莫斯科大学教授，1933 年出任莫斯科大学数学研究所所长，1937 年成为苏联科学院会员。直至 1987 年逝世，他都在数学的研究与教育领域贡献自己的力量。

柯尔莫哥洛夫的数学观

了解柯尔莫哥洛夫的数学观的最佳资料，恐怕要数《苏联大百科全书》中由他执笔的“数学”部分了。这套百科全书也出版了英译版本，我阅读的便是英文译本。与原文（俄语）相比，英译版多少简化了一些内容。柯尔莫哥洛夫在书中先叙述了数学观，接着对从古至今的数学历史进行了介绍，并结合自己的数学观对数学历史的各个阶段进行了详细解说。要说这是为数学家和科学家编著的数学史也不为过，我津津有味地一口气读完了。要想说明柯尔莫哥洛夫的数学观，不仅要看前面的内容，还要看他在书中提到的大部分的数学史，不过，无论从时间上还是篇幅上都不允许，因此，我在这里只叙述开始部分的重点内容。

柯尔莫哥洛夫认为，“数学是现实世界中数量关系和空间形式的科学”。

i）因此，虽然数学的研究对象基于现实世界，但为了研究数学，不得不从现实的素材中抽离出来（数学的抽象性）。

ii）然而，数学的抽象性并不意味着与现实中的素材完全分离。数学中对数量关系和空间形式的研究，应科学技术发展的要求持续增加，因而上述定义的数学的内容也日益丰富。

· 数学和各门科学

数学的应用方式多种多样，从原理上来说，数学方法的应用范围并无限制，也就是说，所有类型的运动都可以通过数学进行研究。但是，对每一个具体实例来说，数学方法的作用和意义又有所不同。现在还无法通过唯一的定式将现象的每个侧面都包含进来，认识具体事物（现象）的过程一般具有以下两个相互纠缠的倾向。

i) 只将研究对象（现象）的形式剥离出来，对这个形式进行逻辑分析。

ii) 弄清与已确立的形式不符的“现象”，将其转移到更灵活、能将“现象”完全包含进去的新的形式上。

在研究的各阶段中，经常需要考察现象本质的新的一面，因此，一些研究现象的难度在很大程度上依赖于上述 (ii) 的相关研究（生物学、经济学、人文科学等），数学方法就退居到了后方。在这种情况下，对现象所有方面的辩证分析会因为数学公式化而变得模糊不清。

与之相对，需要更加简单、稳定的形式来支配研究对象（现象），在这个形式的范围内进行特殊的数学研究（特别是创造新的记号和计算法则），有此类困难并产生复杂问题的研究（比如物理学）才可以通过数学方法解决。

概述之后，柯尔莫哥洛夫先就行星的运动完全处于数学方法的支配范围进行详细说明。这里使用的数学形式是针对有限个质点系的牛顿常微分方程。

即使是从力学转移到物理学，数学方法的作用也几乎没有减少，但应用难度显著上升了。在物理学中，几乎没有不用到高等数学（比如偏微分方程论、函数分析）的领域。但是，研究中包含的困难，与其说会出现在数学理论的展开过程中，不如说经常出现在“为了使用数学而选择假设”和“解释通过数学手段得到的结果”这两个过程中。

数学方法具有将思考从某个水平向更高、本质更新的水平转移的过程涵盖进去的能力，这样的例子在物理理论中屡见不鲜。一个经典实例就是扩散现象。从扩散的宏观理论（抛物型偏微分方程）转移到层次更高的微观理论（将溶液中的粒子的不规则运动作为独立随机过程的统计力学），通过对后者应用大数定律，推导出可以支配前者的微分方程。柯尔莫哥洛夫对这一实例进行了更为详尽的说明。

在生物学中，数学比在物理学中处于更加从属的地位，在经济学和人文科学中更是如此。在生物学或社会科学中，数学方法的应用基本以控制论[①]的形式为主。对这些学科来说，数学的重要性虽然以辅助科学——数理统计学的形式残存着几分，但在社

① 研究生命体、机器和组织的内部或彼此之间的控制和通信的科学。——译者注

会现象的终极分析方面，由于各历史阶段存在的质的差异占据着支配地位，所以数学方法不断向幕后退去。

· 数学与技术

正如古代数学史中记载的那样，算术和初等几何原理都是应日常生活的需求诞生的。在那之后出现的新的数学方法或思想，也都受天文学、力学、物理学等领域实际需要的影响。不过，数学与技术（工程学）一直以来是通过将已经存在的数学理论应用在技术上来产生联系的，但其实也存在为应对技术要求而研究的全新的数学一般理论，比如最小二乘法（测地）、算子演算（电气工程）、作为概率论新分支的信息论（通信工程）、数理逻辑的新分支（控制系）、微分方程的近似解法、数值解法等。

高水平的数学理论使计算机科学得到了飞速发展，计算机科学在解决原子能的使用和宇宙开发等问题上扮演着重要的角色。

在之后继续记述的数学史中，柯尔莫哥洛夫虽经常将目光投向数学与其他学科的关联，但同时对为了满足数学内部要求而发展起来的纯粹数学给予了高度评价。举例来说，古希腊的数学虽然在实际应用方面不及古巴比伦的数学，但在数学的理论层面，古希腊则将古巴比伦远远甩在身后。柯尔莫哥洛夫对“质数有无限多个”“等腰直角三角形的斜边不能用直角边的整数倍表示”等发现给予了最高的赞美之词。接下来，他详细叙述了注重实用性的古巴比伦数学同理想主义的古希腊数学经由中世纪的阿拉伯数学，最终发展为近代欧洲数学的历程，实在是令人兴致盎然。我从这段历史中了解到了很多史实。比如，我虽然知道变换群在18世纪后半叶到19世纪初期被拉格朗日（分析）和伽罗瓦（方程论）有效利用，但一直不了解如今在大学中学习的（抽象）群究竟是谁定义的。通过柯尔莫哥洛夫撰写的数学史，我才知道凯莱（Cayley）在19世纪中叶定义了群。

总而言之，柯尔莫哥洛夫数学观的形成结合了他在数学上的独创性、对数学应用的热情，以及对数学发展历史的深刻观察，无法用一句话简短概括。如果硬要总结，大概就是柯尔莫哥洛夫将数学看作一种可以无限成长的“生物”了。

柯尔莫哥洛夫的数学成就

柯尔莫哥洛夫撰写过一百多篇论文，这些论文都具有“研究范围广”“引入全新观点，具有独创性”和“明快的叙述风格”

的特点。这些研究以实变函数论为开端，涉及数学基础论、拓扑空间论、函数分析、概率论、动力系统、统计力学、数理统计、情报理论等多个领域。下面我将结合研究背景，针对每个研究进行概述。

· 实变函数论

柯尔莫哥洛夫在莫斯科大学加入了斯特潘诺夫的傅里叶级数研讨会，开始对数学抱有兴趣。当时（1921 年），一直以来以连续函数为对象的微积分学发展为以可测函数为研究对象的实变函数论，并成为引人注目的数学新领域。柯尔莫哥洛夫在 1922 年引入 δs 集合演算并完成了包含“波莱尔不可测集的存在定理”的新定理的证明，并在同一年成功研究了“（形式上）傅里叶级数基本处处（之后记为处处）发散的 [0, 1] 上的可微函数的构成”。这些成果分别在 *Matematicheskii Sbornik* 和 *Fundamenta Mathematicae*（也于 1925 年在 *Doklady* 上发表）上以论文的形式发表。他还写了几篇关于傅里叶级数和正交函数展开的论文。另外，他还尝试扩展勒贝格积分，研究当茹瓦积分。这些研究工作基本是他在 1930 年之前完成的。

・概率论的基础

柯尔莫哥洛夫在概率论领域的一项伟大成就，便是使用测度论的语言将概率论作为现代数学的一个领域确立下来。以往，随机事件、随机量都是在没有被定义的情况下直接使用的。柯尔莫哥洛夫看破了概率和测度具有同样的性质，在概率空间 (Ω, F, P) 上将随机事件通过 Q 的 $F-$ 可测子集定义，将随机事件的概率通过这个集合的 $P-$ 测度定义，将随机量通过 Q 上的 $F-$ 可测函数定义，将其平均值通过积分来定义。由此，概率论的理论展开就变得简单明确了。比如，我们来定义抛硬币游戏。设 $X_n(\omega)$，$n=1, 2, \cdots$ 为概率空间 $\Omega=(\Omega, F, P)$ 上的 $F-$ 可测函数的列，并满足

$$P\{\omega: X_1(\omega)=i_1, X_2(\omega)=i_2, \cdots, X_n(\omega)=i_n\}=2^{-n}$$
$$n=1, 2, \cdots, i_1, i_2, \cdots, i_n=1\text{或}0$$

根据 $X_n(\omega)=1$ 还是 0 来看第 n 次抛出的是正面还是反面。这里引申出的数学问题是证明 $\Omega=(\Omega, F, P)$ 和函数列 $\{X_n(\omega)\}$ 存在。有几种证明方法，比如，设 $\Omega=(0, 1]$，$F=(0, 1]$ 的波莱尔子集族，$P=$ 勒贝格测度，让

$$X_n(\omega) = W_n\ ,\quad \omega = 0.\omega_1\ \omega_2\ \cdots\ （二进制展开）$$

就可以了。得到 0.0111⋯=0.1000⋯，这时要将左侧展开。

以这样的方式将概率作为测度去把握，在特殊问题的解决上波莱尔（上述例子）和维纳（布朗运动）已经做出了尝试，但最终用这种方法解决所有问题的是柯尔莫哥洛夫，他提出了“概率论的基本概念”。在具体情况下，可以认为 $\Omega=R^A$（A 是任意集合），但为了在这种情况下达成目的，柯尔莫哥洛夫也证明了构成 P 的定理，这便是著名的柯尔莫哥洛夫的扩展定理。

过去对于具体测度一般仅考虑 R^n 上的勒贝格 – 斯蒂尔杰斯测度和李群上的不变测度，但根据柯尔莫哥洛夫测度论基础上的概率论，新型概率测度和与此相关的全新问题通过偶然现象的数学研究不断涌现出来。

· 概率论

柯尔莫哥洛夫受前辈辛钦的影响，从 1925 年开始着手研究独立随机变量的级数的收敛问题及发散时的阶数。接下来他又对维纳过程进行了研究。针对这些研究，柯尔莫哥洛夫引入了很多全新的思路和方法。其中，柯尔莫哥洛夫的零一律、柯尔莫哥洛夫不等式、辛钦—柯尔莫哥洛夫的三级数定理、柯尔莫哥洛夫强大数律、柯尔莫哥洛夫检验、柯尔莫哥洛夫的湍流理论等都很有名。特别是在 1939 年，他将弱平稳过程的内插、外推问题归结为傅里叶分析的问题并将其完美解决。

另外，柯尔莫哥洛夫还将动力系统划分为决定性（古典）动力系统和概率论动力系统（马尔可夫过程），并对应支配前者轨道的常微分方程，引入了可以确定后者转移概率的抛物型偏微分方程，也就是柯尔莫哥洛夫的前向方程和后向方程①。虽然在此之前应用在概率论中的分析手段以测度论和傅里叶分析为主，但他首次应用了偏微分方程论、位势论、半群论（函数分析），极大地丰富了概率论的内容。20 世纪 50 年代的马尔可夫过程显著发展的根源就在于柯尔莫哥洛夫的这项研究。我从柯尔莫哥洛夫论文序文的思想中获得灵感，引入了可以表示马尔可夫过程轨道的随机微分方程，这也为我之后的研究奠定了方向。柯尔莫哥洛夫的“基础概念”和“分析方法”对我来说是无上至宝。

① 出自 1931 年发表于 *Math.Ann* 的论文《关于概率论中的分析方法》。

· 数理统计

令人遗憾的是，在日本，概率论与数理统计之间的学术交流并不活跃，但以柯尔莫哥洛夫为代表的苏联概率论研究者们对二者间的关联非常重视。概率论是以概率空间为基础的，但要将其应用在现实问题上，就需要考虑一系列的概率空间，并决定哪个最适合问题的概率模式。这个决定也可以说是数理统计学的一个目的。柯尔莫哥洛夫也撰写过不少关于数理统计学的论文。柯尔莫哥洛夫 – 斯米尔诺夫定理用于不依赖参数的检验法，该定理也闻名于世。

· 数学基础论

柯尔莫哥洛夫从年轻时开始，就对数学基础论，特别是布劳威尔的直觉主义抱有很大的兴趣（比如 *Mathematische Zeitschrift*. 35(1922),58–65）, 还对算法进行了研究。

· 拓扑空间论和函数空间论

柯尔莫哥洛夫同亚历山大一起创立了同调论，这一功绩可以说是人尽皆知。另外，柯尔莫哥洛夫还是研究拥有拓扑结构和代数结构的空间理论（线性拓扑空间、拓扑环）的先驱。

调查完全有界度量空间 E 的 ε 网的点的个数最小的 $N_E(\varepsilon)$ 在 $\varepsilon \to 0$时的行动，引入作为 E 的特征量的 $\varepsilon-$ 熵和 $\varepsilon-$ 容量的概念，并将其应用在 E 为连续函数空间的子空间（与季霍米罗夫共同撰写，*Uspehi*(1959)）。这个思路在以前的函数分析中未曾出现过。

· 动力系统

柯尔莫哥洛夫拥有非常丰富的古典动力系统的知识，他自己也撰写过几篇非常重要的论文。他研究过一般动力系统（单参数保测变换群、湍流），引入了“柯尔莫哥洛夫湍流”这一重要概念。我们知道谱型（Hellinger–Hahn）可以作为湍流的特征量存在，但柯尔莫哥洛夫又引入了熵作为新的特征量。可以说，这一成果为新的遍历理论开辟了道路。

除了上文提到的内容，柯尔莫哥洛夫还做了很多工作，比如解决了希尔伯特的第十三个数学难题（参考岩波书店出版的《数学辞典》中的希尔伯特词条），研究了随机数表和情报理论的相关内容等。

柯尔莫哥洛夫的数学教育论

很多人知道柯尔莫哥洛夫在莫斯科大学培养了很多数学家，他们中有不少人已成为国际知名的学者，但柯尔莫哥洛夫其实还热衷于高中的数学教育，自己也会给学生上课，并深入思考数学教育应有的形式。我打算参考柯尔莫哥洛夫 60 岁生日（1963 年）时，亚历山大洛夫和格里汶科的演讲记录《作为教育者的柯尔莫哥洛夫》，讲述一下柯尔莫哥洛夫的数学教育论。苏联的教育制度与日本的有所不同，分为小学（7 岁 ~10 岁）、初中（11 岁 ~14 岁）、高中（15 岁 ~17 岁）和大学（18 岁 ~20 岁）几个阶段，在大学，数学专业和物理专业是合并在一起的（数学与物理专业）。苏联的高中课程相当于日本高二到大学二年级的课程，大学课程则相当于日本的本科课程加研究生课程。与日本的旧制高中和大学十分相似。大学毕业时必须提交论文才能获得学位，获得的学位相当于日本的硕士。博士学位只授予此后能发表很多原创论文的优秀学生。

柯尔莫哥洛夫认为，有一些父母或教师会从 10~12 岁的学生中寻找具有数学才华的人，这种做法可能会毁掉学生的前途。但到了 14~16 岁这个年龄段，事情就大不相同了，学生会明确表现出对数学和物理的兴趣。根据柯尔莫哥洛夫在高中教数学和物理的经验，差不多有半数学生认为数学和物理对自身没什么实际应用价值。他认为针对这样的学生，课程的内容可以设置得简单一些。这样一来，另外一半学生（虽然这部分学生未来不可能都去读数学和物理专业）的数学教育也会有更好的效果。

在高中阶段，最好还是将数学、物理专业，工程学专业，生物、农业、医学专业，社会、经济学专业分开。只要稍稍增加一些每个专业主要学科的教学时间即可（比如数学多一小时，物理多一小时等）。这种做法也能收到显著效果。针对各专业的班级进行的教育可以让学生具有目的意识，但这并不会对范围更广的一般教育构成威胁。在革命初期兴盛起来的“统一劳动学校”这个口号意在废除带有阶级意识的学校，打破横亘在贫苦人面前的屏障，而非对个人能力的开发或特殊训练予以否定。

学习数学需要特殊才华这种说法在多数情况下是带有夸张成分的。人们觉得数学是一门非常难的科目，有时也是一些糟糕或是极端的教学方法所造成的。只要有优秀的教师和优秀的教科书，以普通人的能力完全可以应付高中数学，也能理解初级的微积分。

高中生在决定选择数学作为大学专业时，自然想要检验自己与数学这门学科的适配度。实际上，每个人理解（数学）推论、解决问题、进一步产生新发现的速度、困难程度和成功率都不相同。为了数学专业的教育，应以选择在数学上更容易取得成功的青年为目标。

与数学专业的适配度又是什么呢？柯尔莫哥洛夫认为是以下三点。

- 运算能力。可以将复杂的式子变形，或是能巧妙解出用一般方法无法解开的方程（背下很多定理或公式也无法具备的能力）。
- 有几何学上的直觉。就算是抽象事物，也能像亲眼看到的一样在头脑中描绘出来。
- 一步一步进行逻辑推理的能力。比如可以正确使用数学归纳法。

就算具备这些能力，如果没有对研究课题的热忱和每日不间断的研究也没有任何意义。

在大学的数学教育中，什么样的教师才算优秀呢？

（i） 授课能力强，能引用其他学科的例子，吸引学生的注意力。

（ii） 能通过有条理的说明和丰富的数学知识吸引学生。

（iii） 可以成为优秀的辅导老师。能够充分认识到每个学生的能力，在学生的能力范围内为学生分派任务，使学生获得自信。

以上三点虽然都是评价标准，但理想的教师应该是最后一种类型的。

关于数学和物理学专业的学生接受的数学教育，除接受正规课程外，柯尔莫哥洛夫还特别强调了下面两点。

· 要让学生将函数分析掌握到可以像日常工具般自由使用。

· 重视实践。

第二点的意思我起初也不是很理解，最近问了一位以前在莫斯科大学跟柯尔莫哥洛夫学习过的学生，才知道实践是指给学生一些微分方程的系数或边界条件的具体数值，让学生调查其解的性质。

在学生开始进行研究时，首先要让他们拥有“我一定可以做些什么”的自信。因此，在给研究题目的时候，需要思考这个题目的重要性，还必须思考“这个研究能否帮助学生前进”“这个课题是不是在学生的能力范围之内，并且需要学生尽最大的努力才能研究出来”等问题。

以上就是柯尔莫哥洛夫的数学教育论的大致内容。柯尔莫哥洛夫不仅是一位伟大的数学家，还是一位伟大的教育家，更是一位伟大的思想家。

（写于 1988 年 10月）

第5章

与概率论一起走过的60年

与概率论一起走过的 60 年

在开始今天的演讲前，我想把昨天在颁奖仪式上发表的谢辞再讲一次，并加上几个话题和大家聊聊。

*

在这美丽的秋日里，能在自己的第二故乡京都获得以崇高的理念为基石的京都奖，我感到无比光荣。

去年（1998 年）6 月，稻盛财团的工作人员告诉了我这次获奖的消息，当时他们询问了我现在关心什么事情。虽然有一瞬间的犹豫，我还是回答了“地球和人类的未来”。几年前，差不多是我 80 岁生日的时候，我开始创作一个叫作《森林之人》的故事。和家人讲过几次，他们都很惊讶地说：“这不是两万年后的事情吗？”

这是一个在遥远的两万年后，拥有与现在不同价值观的人类在森林中重生的故事。就像几万年前的 homo sapiens（智人）在最后的冰河期中幸存，现在作为 homo sapiens sapiens[①] 生活在陆地上一样，2 万年后的人类，在经历了更加严苛的“核冬天”后，必然会成为 homo sapiens sapiens sapiens。这里的 sapiens，也就是智慧，并不表示智商的高低，而是代表即使在困难和谬误中遭受挫折，也依然不失“温暖的心”和“高远的志向”这种“人类特有的智慧”。

京都奖的三个奖项囊括了比其他传统奖项更广的领域，将真善美的多种表现形式作为人类希望的见证彰显出来，这正是对“地球和人类的未来”的馈赠。

反过来，获得如此卓越的奖项的我，不过是用算式描述了这个充满偶然性的世界中的法则，撰写了几篇论文而已。一些研究者对我的论文产生兴趣，从中发现些许独创性，并加入了新的想法使其进一步发展，构筑出了严密美丽的数学体系。还有一些研究者通过将其应用在数学以外的领域，在抽象化的数学世界和人与自然息息相关的现实世界之间成功搭建了一座桥梁。没有这些人的贡献，我今天也不可能获得京都奖。所有研究者的贡献连同

① 智人。单词最后的 sapiens 是亚种名。一般会把种加词重复一遍作为亚种加词，因此 sapiens 重复了两次。——译者注

我 50 年前完成的工作一起凝结在这个奖项里，在此，我从心底向稻盛财团和京都奖评奖委员会的工作人员付出的努力表示诚挚的谢意。谢谢你们！

2 万年后的森林的价值观

如今，在地球上生活的人类全部是 homo sapiens（智人）。众所周知，尼安德特人也是智人的一种，他们在约 25 万年前出现，在西亚到欧洲一带发展壮大，在 3.3 万年前因气候变冷而消失。连全身被长毛覆盖的猛犸象都在 1.2 万年前，也就是最后的冰河期结束前灭绝了，在此之中，人类幸存了下来。幸存下来的人类被称为 homo sapiens sapiens，用这个名称也是为了同 homo sapiens neanderthalensis（尼安德特人）区别开来。

一个听过《森林之人》故事的人曾向我问道："'核冬天'真的会到来吗？如果真的到来了，人类能够幸存下来的概率是多少呢？"我不是研究这类概率的专家，也没有研究过核武器这种"核"。但是，作为一名数学家，我的工作和爱因斯坦、费米这些物理学家的工作也是有关联的。1954 年，第一座核反应堆的建设者费米去世，美国"原子弹之父"奥本海默因为反对氢弹制造而被驱逐到普林斯顿高等研究院任院长一职，当时我在那个研究院任研究员。

如果地球上真的爆发核战争的话，核冬天就会到来，核冬天一旦到来，我认为人类是不可能幸存的。拥有能让地球上所有生物灭绝几十次的核弹量的地球，其实已然迎来了“核冬天”。对我们来说，人类发挥真正意义上的智慧，创造出全新的价值观并在森林中重生，中间经历的 2 万年长得令人无法想象，但想到地球已经在宇宙中存在了 45 亿年，这 2 万年不过是白驹过隙。顺便说一句，放射性原素铀 238 的原子数量通过衰变减少一半所需要的时间就是 45 亿年，钚 239 需要的时间则是 2.4 万年。

*

将 2 万年后生活在森林中的人类称为 homo sapiens sapiens sapiens 只是我的想法，遗憾的是辞典中并没有这样记载。大多数辞典会根据人类拥有的某种特质，将 homo faber（劳动的人）、homo ludens（游戏的人）和 homo loquens（会说话的人）用作 homo sapiens 的别名。因为数学符号是“利用严密的逻辑描述自然界法则的优美语言”，所以作为数学家的我被“以语言为人类本质的 homo loquens”这一命名方式吸引了。每每夸赞 homo loquens 这个名称时，我都会搬出文学、音乐也是能够实现心与心交流的语言这个理由，当然，homo loquens 这个名称更能体现我们日常使用语言进行交流这一点。

如果各位对我用数学语言撰写的论文，或者对我的论文和“金融现场”的关系感兴趣，可以听一听明天的讨论会“从随机分析到数理金融——20 世纪概率论的展开”。

*

2 万年后森林的“全新价值观”其实是非常单纯的。具体来说，就是人类森林的价值并不通过它究竟拥有多么强大的武器来衡量，而是要看有多少人能成为“诗人”。前半句暂且不论，后半句中的“诗人”需要定义一下。一般来说，诗人指的是那些通过非凡的想象力（imagination）创造出符合大众眼光的美，以此创作出能给人勇气的文学作品或音乐作品的人，但在用“他是个诗人”这句话来打趣别人时，“诗人”这个词又带有“空想家”

或“怪人”的意思。令人遗憾的是,“他是数学家”这句话的情况也大抵如此。在给周围的人添了麻烦,或是伤害了其他人时,“他是个无论在哪儿,脑子里都只有数学的人”这句话就有了包庇之嫌。恐怕我也是在这样的包庇中一路走过来的。但是,在被前人作品中蕴含的美所感动,用尽自己的直觉(intuition)和想象努力创造出新的美这一点上,无论是数学家,还是创作出优美作品的作家或作曲家,其实都是“诗人”。进一步讲,我认为把那些游走在现代价值观边界上的人也归为“诗人”才能形成全新的价值观。

另外,经历了长期迷茫的像彼得·潘一样的年轻人,在找到自己的理想,决意向着理想前进时所展现出的英雄之美,也能让人看到“诗人”的影子。因此,在我构思的奇幻故事中,那些令人讨厌的“怪人”也被归为“诗人”,他们一边享受自己的“诗”一边生活。这种全新的价值观经过“森林时间”的魔法,从2万年后一瞬间出现在我们眼前。

*

那些让人无法区分是历史还是神话的遥远过去的故事，总能让我们感到怀念，与此相对，很多关于在宇宙尽头诞生出另一个地球的故事总是令人不寒而栗。其中缘由，我想大概是这两种故事给了人不同的暗示——神话中的英雄在艰苦战斗的岁月中为我们留下“天鹅之歌”[①]后死去，但宇宙时代的英雄会在时间和引力的狭缝中谢幕，从人们的记忆中永远消失。不管怎么说，小学时代的我就一直沉浸在历史老师与汉文老师，以及编著了两卷乡土史的父亲所讲述的神话世界里。

我的故乡是三重县。在差不多出现日本历史的时代，有一位不幸的皇子在15年无休止的战斗旅途终点，留下了至今还在流传的诗歌，而后在丘陵上死去。这位皇子通过诗歌表达自己的思乡之情，他的腿因疲劳和病魔折成了三段，这就是三重县三重郡三重村这一地名的由来。那里是从我小学、中学时代生活的神户町（现在的三重县铃鹿市）远足可以到达的地方。除了来郊游的我们，池畔和神社的树林里完全看不到人影。这些地方现在究竟是何种景象，我没有勇气去探访。

① 据说天鹅在临死前会发出一生中最凄美的叫声。此处用天鹅之歌来比喻英雄落幕时为后人留下的永恒的精神等。——编者注

这位皇子曾活跃在九州到东北的辽阔地区，许多地方的地名也留下了他曾经活跃的痕迹，但在我的家乡，他并没有任何英勇事迹。在动身前往东部国家之前，双腿敏捷、雄心勃勃的皇子跑到木曾川和长良川交汇的伊势湾附近，在一颗松树下用餐。用餐结束后，他将重要的太刀忘在了那里。多年之后，当他拖着沉重的双腿，带着疲惫心灵回来时，看到太刀依然立于松树之下，内心无比激动，于是吟唱了一首诗歌，这首诗歌作为三重县桑名町（现在的桑名市。我出生在桑名，当时父亲在桑名小学当老师，在父亲入职神户中学后，我进入神户小学读书。我的户籍地，也就是我的故乡，在三重县员弁郡北势町山乡村，即现在的员弁市。那里有一座祖父的宅子。那时一到暑假，我就从桑名乘坐小火车，在终点的前一站下车，然后步行一个多小时回到山清水秀的故乡。）的民谣流传了下来。皇子对着这棵松树大呼："我怀念的兄长啊！"但他的兄长已经在他无忧无虑的少年时代被他杀死。想到这里，更能感受到皇子的心中之痛了。

父亲这个词意义深厚，与拥有超凡之力的"神"是同义词，也能表示守护世人的慈悲之父，这些含义都同基督教的世界相通，并不是日本所特有的。但这类"伟大的父亲"与我还是相隔甚远，26 岁的年轻父亲才是我个人的体验。因为在肺部 X 光片上发现了大片阴影，在检查当天就回到家的我，在战火中的东京失去了自己的二女儿。我的孩子并非死于空袭，而是因为出生后 4 个月感染了百日咳，她是在医院去世的。因为这段经历，我饱尝了在痛苦的孩子面前作为父亲的那种无力感，在此之中，我迷失了自我。这是发生在 1942 年 2 月的事情。

十几年后，在 20 世纪 50 年代的日本，我的一位外国朋友将重要的背包忘在了车站，数小时之后回去取时，发现背包依然在原处，周围衣着寒酸的人们说是“送到失物招领处反而麻烦，于是几个人就轮流在这里守着”，朋友听了之后感激不已。我当时得意地说道:“在日本这是理所当然的。在 8 世纪初的书中就有类似的传说记载，那棵松树也好，民间传说也好，都还在我出生的海边小镇流传着呢。”

我在神话时代留下的故事中度过了自己的童年，作为体验过本世纪战争时代的恐怖和穷苦的其中一人，我认为不论在怎样的时代或是以怎样的理由，战争都必须是被反对的。在地球的历史中，许多战争以各种“神明”的旗号打响。“神明”有时也会以各种名义出现，但这只会加剧战争的悲惨，更令“父亲和孩子的祈祷”显得苍白无力。我只能祈祷“核冬天”千万不要到来。

开始研究概率论的时候

1935年4月，我从名古屋的高等学校（旧制八高[①]）毕业，进入东京帝国大学（现在的东京大学）理学部攻读数学专业。前往东京时，朋友在名古屋车站给了我一本夏目漱石的《三四郎》，对我说：“你和这本书的主人公有点像，在车上读读看吧。”当时，从名古屋到东京乘坐特快列车燕号需要五个半小时，我在车上将书读完了。如朋友所料，三四郎在1908年9月从熊本前往东京，20多年后到达东京站的我也感受到了巨大的文化冲击。在大学校园的池畔找到了片刻安宁这一点也和三四郎相同，不过后续发展就大不相同了。比起三四郎，我觉得自己要幸福得多，因为我在这里遇到了生命中的恩师和人生伴侣。

当时在数学专业任教的有高木贞治老师、中川铨吉老师、竹内端三老师、末纲恕一老师、辻正次老师、挂谷宗一老师和弥永昌吉老师。大学入学的第二年，战争开始了。虽然处在这样一个时代，但大学中是另一番景象。数学专业的教室设在弥生门不远

① 指日本名古屋市设立的第八高等学校（旧制）。——编者注

处的一座建筑物的三层，步入中年的管理员石田会在暖炉上一直烧热水，以便给我们提供茶水。

经常有人问我为什么会选择研究概率论。其实，在八高的时候我的兴趣是力学。在力学课程中学习了落体运动和抛物运动后，我就对用数学的方式简明地描述自然现象有了兴趣，并震撼于使用牛顿的力学原理和万有引力定律可以推导出开普勒定律，因此立志在大学中学习力学。

进入大学后，受周围激烈讨论的影响，我被纯粹数学中如晶体一般的结构之美吸引了。同时，我也了解到众多数学概念的依据蕴藏在自然现象的力学法则中。通过大数定律，我接触到在非常随机的现象中能找到规律的新类型的法则。要想研究统计力学就必须掌握这种类型的知识，所以我阅读了关于伯努利的大数定律和棣莫弗的中心极限定理的书，并按照自己的方式去理解。我在读高中时学习的第一外语是德语，法语只在大一暑假时在日法学院学习了三周，但数学语言是世界共通的，我之后自学的俄语也只够用来阅读数学书。

就这样，我从统计力学开始向着概率论靠近，那时在日本还没有专门研究概率论的数学家，我自己也对“概率论从严格意义上能否算作数学”抱有疑问。我能一直走在与最初的兴趣相连的这条道路上，并为这个领域的发展做出贡献，全都归功于恩师弥永昌吉先生对我的温暖鼓励。弥永昌吉老师不仅在他的专业数论上有很高的造诣，也拥有横跨整个数学领域的广阔视野和见地。从我作为研究会的一名学生坐在三四郎池边沉思的日子到现在，已经过去了60年，老师还是经常走在我前面，即使过了90岁也依然精神矍铄，飒爽前行，甚至还会时不时关心脚下开始不稳的我。[①]

*

从1938年大学毕业，到1943年在名古屋大学任助教的这5年中，我就职于内阁统计局。大学一毕业就结婚的我，第二年就成了1岁孩子的父亲。在象牙塔中继续安稳地待下去是不可能了，但那5年对即将开始数学研究的我来说具有重要意义。正如我方才提到的那样，乍一看杂乱无序的现象中蕴藏着统计法则这一事实，从学生时代起就拨弄着我的心弦，我认为能弄清楚这一事实的数学就是概率论。虽然我从大三就开始阅读有关概率论的

① 弥永昌吉于2006年去世，享年100岁。本书作者伊藤清于2008年去世，享年93岁。
——编者注

论文和图书，但这些论文和图书中只是直观地阐述了随机变量这一基本概念，总给人一种缺乏基础的感觉。

建立一个基于严密定义的数学体系的想法，虽然在现在看来是理所当然的，可在数学所有领域付诸实践还是在不久前，就连微积分学，也是在 19 世纪末严格定义了实数之后才初次加入现代数学体系。在八高的 3 年，我有幸一直在近藤钲太郎老师的熏陶之下学习，在东京大学读大一时又上了高木贞治老师的课，令我难以忘怀。这两位老师都曾从现代数学体系的角度讲过微积分课程，但当时我阅读的有关概率论的论文和图书，都没有站在这种现代数学的立场上书写。与微积分学相比，描述方式仿佛停留在 19 世纪。

大学毕业后，我进入内阁统计局工作。当时，对于如何定义随机变量这一概率论的基础概念，我颇为烦恼，在此过程中，我读了苏联数学家柯尔莫哥洛夫的著作。我察觉到这就是我梦寐以求的书，于是一口气将它读完了。那本书是柯尔莫哥洛夫于 1933 年用德语撰写的，名字叫作 *Grundbegriffe der Wahrscheinlichkeitsrechnung*（《概率论基础》），在书中他尝试将随机变量定义为概率空间上的函数，并利用测度论的语言将概率论体系化。站在这样的立场上之后，以往朦胧不清的东西就如同拨云见日般明朗起来，也使我确信概率论确实是现代数学的一个分支。

虽然概率论的基础就这样巩固下来了，但接下来关于它的内容仍然存在问题。当时大部分的研究集中于利用数学手段解释统计法则，并研究独立随机变量的行为。用微积分学来说的话，这类研究就相当于级数论。当然其难度要远高于级数论，内容也较之丰富许多，但跟数学的其他领域比起来还是显得有些贫瘠，让人提不起劲头投入其中进行研究。

1942 年发表的两篇论文

法国数学家莱维在 1937 年发表的一篇名为《独立随机变量的和的理论》（*Théorie de l'addition des variables aléatoires*）的论文让我又重新对概率论的内容燃起兴趣。随机过程作为概率论的概念，与微积分学中的函数相对应，这篇论文使随机过程的研究向前迈进了一大步。我通过这篇论文看出了概率论新的本质，决定顺着这道光继续探究。那是 1938 年秋天的事情。

我不仅在莱维理论的随机过程的样本函数中找到了能够称为

数学理论的优美构造，还学习了维纳过程、泊松过程、独立增量过程等随机过程。这些随机过程中，我对独立增量过程的分解定理尤为感兴趣。然而，和很多开拓者的工作方式一样，莱维的叙述中以直觉为基础的部分较多，很难继续展开讨论。幸好，美国数学家杜布在 1937 年发表的一篇关于随机过程的论文中提到了“正则化”（regularization）的概念，我认为通过这个概念可以使以往模糊不清的问题明确化。我从杜布的视角审视莱维的理论，并引入泊松随机测度，终于以简明的方式描述出莱维对分解定理的思路。这就是我撰写的第一篇论文，其中介绍了如今在概率论中被称为“莱维 – 伊藤分解”的相关内容。这篇论文于 1941 年 8 月 1 日被受理，于 1942 年在《日本数学杂志》（*Japanese Journal of Mathematics*）上发表。1945 年 10 月 3 日，我通过这篇论文被东京帝国大学授予博士学位。

概率论在当时并不是十分热门的领域，加之那时又处于战争年代，因此，在 1942 年我把第二篇论文《确定马尔可夫过程的微分方程》发表在了《全国纸上数学谈话会》这本誊写印刷的刊物上。这本刊物由大阪大学出版，是年轻数学家交流思想的平台。抱着能有人对誊写版感到怀念的想法，我与他人聊起此事，有人告诉我他读过我的这篇论文，这个人名叫丸山仪四郎，恐怕我和他是当时日本唯二对这个问题感兴趣的概率论研究者了吧。1942 年，丸山以我的论文为基础，加上自己的思考，完成了一篇论文，并于 1955 年将这篇论文发表在意大利巴勒莫大学的学报中。我听丸山说起论文的事情后，在普林斯顿大学阅读了这篇论文，获得了极大的启发。

前面也提到过，1942 年发表这两篇论文时，我正就职于内阁统计局，按现在的话说是一个新人公务员，大家恐怕对我如何挤出时间进行研究抱有疑问吧。其实，单位的工作我没怎么做。当时的统计局长非常包容我，对我说："你的专业往大了说与统计局的工作是有联系的，你就把时间全部用在自己想做的研究上吧。"于是，我便埋头于自己的世界中了。我这个无名研究员既不属于任何大学也不属于任何研究所，而给了我自由时间的内阁统计局长川岛孝彦先生，正是秋篠宫妃川岛纪子女士的祖父。

我又继续发展了这个理论，几年后完成了一篇关于"随机微分方程"的论文。但由于战后日本依然处于穷困之中，出版用纸十分短缺，不可能有刊物愿意刊载这么长的论文，所以我将这篇论文寄给了杜布教授，询问他有没有在美国发表论文的可能。

多亏杜布教授的妥善安排，论文于 1951 年作为美国数学学会的 *Memoirs of the American Mathematical Society* 的一册发表出来。

这个随机微分方程后来被人称作“伊藤分析”，在物理学、工程学、生物学、经济学等领域，因为能描述每个瞬间都有偶然要素介入的现象而被广泛应用，但在描述发展现象时，随着时间的流逝进行累加的新的偶然量会作为布朗运动的增量登场，在这一点上，它与普通的微分方程具有不同的特征。在描述伴有“波动”这种偶然量的生物学现象或是分析有“噪声”存在的工程学现象时，这个随机微分方程实现了具体应用。

编撰《数学辞典》的日子

从 1943 年得到名古屋大学的教职起到 1952 年转职到京都大学的这几年，能同吉田耕作老师一起工作，我无比幸福。吉田老师在几年前去世了。我虽然只能叫他“老师”，但在我的论文中多次使用了“吉田的半群理论”和“希尔 – 吉田耕作定理”这样的词。无论在数学领域还是非数学领域，吉田老师对我来说都是无可替代的存在。时间有限，个中原因就不在这里详述了。

除此之外，我在与概率论共度的 60 年中遇到了什么样的人，从中学到了什么，我又如何发展了学到的理论，之后这些理论又如何经由众多研究者之手有了新的进展等内容，我虽然也想向大家讲述，但又觉得除了读过我论文的人，不会有人对此感兴趣。对此有所了解的人恐怕早就知道，而对于初次听说的人，这些内容想必也没有任何意义。

我更想讲一讲关于岩波书店出版的《数学辞典》的故事。1954 年的第一版和 1960 年的修订版，以及 1968 年全面修订的第二版是由我的恩师弥永昌吉负责编撰的。1985 年的第三版的编撰工作由我负责。正如我在第三版的序文中写的那样，这本辞典第二版的英译版由美国 MIT Press 出版，虽然在国际上也被认为是一本名著，但这 17 年来，数学各个领域之间的联系愈发深入，逐渐形成一个有机的整体，再加上与数学相关的各学科也使用了高等数学理论，对作为科学基础的数学有了更高的期待，于是我们决定修订第三版。第三版也在完成后被翻译成英文，同样由 MIT Press 出版发行。

60 年前，我刚开始接触概率论，当时很多数学论文是用德语、法语、俄语或英语写成的。我在 1942 年发表的两篇论文虽然是用日语写的，但在之后的 60 年的时间里，我的论文都是用英文写的。最初的两篇论文后来也用英语重写了一遍，所以现在论文用的都是英文。无论是在世界各地举办的学术会议的官方语言，还是发表的论文，使用的都是英文，在数学之外的领域里想必也是这种状况。在这样的科学世界中，谁都可以信赖的《数学辞典》先用日语编撰，而后出英文译本，供全世界的科学家参考，这彰显了日本数学整体水准之高。能成为执笔和编撰这本辞典的数学家之一，我感到无比荣幸。在这里，我要向在编辑、执笔、校对、查阅索引资料等环节中付出辛勤劳动的工作人员表示诚挚的感谢。自策划开展以来，他们每一个人都利用自己专业上的成绩为这本数学辞典做了很多贡献，为这本辞典赢得了无可比拟的声誉。

说几句题外话。日语是一种阅读效率较高的语言，不过在口语表达时，因为同音异义词较多，逻辑关系的表述会出现模糊不清的情况，所以必须进行补充说明。数学家们喜欢在黑板或是纸上边写边交流，况且数学表达式是世界共通的，所以一般情况下倒也还好，不过，刚进入大学的数学专业的学生与授课老师之间会存在巨大的交流屏障。普林斯顿高等研究院等地方的厉害教师中，也有不少人是以写论文的态度给学生授课的。1994 年获得京都奖的安德烈·韦伊老师就是其中一员。

韦伊老师有时会在写满一黑板板书并进行讲解之后说有地方出错了，然后将板书全部擦掉，跑到走廊上重新思考，之后回来继续上课。之所以会出现这样的情况，是因为他不依赖已有的方法，所讲内容全部基于独创的思考。这样的课程才应该享有盛名，因为听众也是数学家，所以大家都备受感动。虽然感动，但只听一次不可能完全理解。回家看笔记的时候，有时能从中微微感受到美妙的“音乐”，有时却什么都感受不到，让人难为情。这时，要是有这本数学辞典的话，就一定能再现出优美的“奏鸣曲”吧。如果在眺望池中之水和空中之云的时间里直观地看到一些现象，并想将它们以数学逻辑展开，那么，那些前辈的工作成果就是直觉与逻辑之间平衡的标准，在把他们的成果传递给后辈的这层意义上，编纂这本辞典也是一项非常有价值的工作。

前往“金融世界”的不安

最近，越来越多的研究者从我的论文这张“乐谱”中，听出我没能预料的声音并加入新的想法，或者依靠自己的剖析去作曲或演奏。这些新的“乐谱”可以说在抽象的数学世界和现实世界之间架起了桥梁。我因这些“乐谱”被相继刊载出来而喜出望外。但是，这些“乐谱”并不单单是所有事物有机联系在一起的“科学世界”的“乐谱”，在“金融世界”中，使用伊藤引理已经变成常识了。我在听到这个消息时，比起喜悦，更多的是不安。这个消息最初是在1997年的秋天由美国的朋友告诉我的。同年岁末，前来采访的东京的电视团队也告诉了我同样的消息。美国朋友给我寄来的信中说，数学专业优秀学生的就业方向完全改变了。在我们那个年代，尚未成熟的数学研究者最后大多成了数学家，而现在，他们则化身为经济战争中勇敢的战士了。

读完信件后，我因这意想不到的内容而茫然失措。我是一个“非金融国民”，直到现在，别说是股票或是金融衍生产品了，就连银行存款也因为嫌定期麻烦而只存活期。我的妻子说，在定期存款和活期存款的利息有差别的时候，我们账户里几乎没钱，最近好不容易有些存款了，可不管是存定期还是活期，都没有什么利息，当初没费心打理其实是对的。不管怎么说，我还是给朋友回了信。我在信中写道：

日本也是如此。在我们那个年代，数学家的预备军最终都成了数学家。我的大学同学就是如此，他们都在岩波书店出版的《数学辞典》中留下了自己的痕迹。然而，现在擅长数学的高中生，甚至都不会成为数学家的预备军。事实上，在数学奥林匹克竞赛中获得金牌的高中生也没有选择数学专业，而是去了医学专业。有才能不如喜爱，喜爱不如乐在其中。能快速解答出问题并不意味着能成为优秀的研究者。希望那些喜欢自己发现问题并用自己的方法思考问题的学生都能从事即使数年没有成果，也能思考自己的问题并沉醉其中的工作。数学奥林匹克竞赛的获奖选手们头脑都过于灵活，恐怕不会在一个问题上思考超过30分钟吧。

另外，我虽然并没有见识过将伊藤引理作为常识的金融现场，但听说那是一个在无数台计算机传来信息的瞬间就要做出判断的战场，别说30分钟，有时就算只晚个3分钟、3秒钟，也会牵扯几亿甚至几万亿日元的盈亏，看起来并没有使用伊藤引理进行模拟的时间。在这样的战场中，恐怕动员了大量能将引理牢记在脑中，并且有能力同时动脑和用手操作的年轻人，让他们殊死战斗。我想象着这些在战场上一夜之间获得或失去巨额资产的年轻人的身影，想起了小时候十分喜爱的芥川龙之介所写的《杜子春》。

我也曾拥有比谁解题都快的少年时代。在神话故事众多的故乡，我被看作“未来的数学家”，若没有坚持走数学家这一“诗人”的道路，或者用1942年的两篇论文当作武器，下功夫模拟战后的黑市，那么我可能一夜之间坐拥巨额财富，也可能饥肠辘辘地站在洛阳西门化身为昭和时代的“杜子春”。

无论在任何时代，我都反对打着任何名号的战争，这里讲到的“经济战争”也不例外。话虽如此，但我对经济一无所知，只好查阅homo loquens（会说话的人）的良友《广辞苑》中“经济”一词的释义。辞典中对“经济”的解释是“治国救民；生产、分配、消费人们共同生活基础物资的行为和过程，以及由此形成的人与人之间社会关系的总体”。“经济”既然有这样综合性的意义，那么金融只是经济的一部分，要尽早结束以金融中衍生出的商品或交易商为名进行的战争，让有为青年回到故乡的数学教室。不过，这终究是我在痴心妄想吧。毕竟就算他们自愿研究数学，可就连杜子春，最终也回到了桃花盛开的田园。

所有人都被源源不断的偶然支配着漫步在时间之中，而决定其行走方式的是人自己的价值观。阅读、撰写数学论文的数学家们，可以说乐在其中，他们既是 homo loquens（会说话的人）也是 homo ludens（游戏的人），我认为文学家或是音乐家也具有相同的本质。而画家、雕刻家、建筑家这些艺术家，很明显既是 homo faber（劳动的人）又是 homo ludens（游戏的人）。

尽管近代以来已经发现“游戏”也是人类的本质，但无论是数学家还是艺术家，要是身边没有关心他们衣食住行的人，恐怕也无法享受作为 homo ludens 的人生吧。守护和哺育他们，让他们像孩童般无忧无虑玩耍的，是用自己的双手制作出生活中所有必需品或是服务的 homo faber。我要向在所有时代中为人类社会提供有价值的财产和服务的 homo faber，以及作为 homo faber 已经在我身边陪伴我六十多年的妻子表示感谢。

作为 homo ludens

我在概率论这条道路上已经漫步了六十多年，同时，这也是一条研究随机过程样本路径的道路。1954 年，我与亨利·麦基恩（HenryMcKean）在普林斯顿相识，我整理了我们两个共事 10 年来共同的研究成果，在 1965 年通过德国施普林格出版社将其出

版成一本名为 *Diffusion Processes and Their Sample Paths* 的书。在这 10 年间，我们两人往返于日本和美国的大学进行教学，虽然也研究过其他问题，但总的来说我们在这 10 年中思考的是同样的东西。在整个过程中，我从未感觉到时间的流逝。在研究终于完成时，我才意识到已经过去了 10 年。

对日常生活毫不关心又急性子的我，能够在自己的研究上颇具耐力，不断前进，不得不说这归功于为我创造了这种环境的人们。若再加上一条的话，那便是父亲对我的影响。父亲曾是一名老师，教历史和古汉语，读师范学校时在运动方面是全能选手，尤其在游泳上极为出色，是一名观海流健将。观海流是一种速度不快，适用于远距离的古代游泳方法，10 小时至 12 小时人可以游 12 千米，24 小时可以游 40 千米。在我的母校旧制神户中学，除父亲以外还有好几位观海流健将，经他们指导的人都能游上 5 千米。

这恐怕是在古老美好的时代中 homo ludens 所走的道路吧。在这个要求工作效率的时代，还能享受自己的工作，把自己的工作当作游戏是十分困难的。东京的时间，甚至全世界的时间都流逝得越来越快，86 年前威胁着夏目漱石笔下的三四郎，60 年前威胁着我，所以留给自认为是 homo ludens 的“诗人”的生存空间，恐怕只有未来的森林了。念叨着“恐怕就是如此”的时候，才意识到这就是“概率”。在变化无常的日常中预想明天的天气，揣测人的内心，虽然无法确定那就是事实，但想着可能就是那样，于是时而等待时而放弃，我们就是以这样的方式生活的。

日常的概率世界虽然是多愁善感的，但数学的概率论并不是如此。概率论的历史始于 17 世纪帕斯卡和费马的往来信件，之后经历了数学和哲学上多彩的争论，现代数学家关心的主要问题并不是概率的直观意义或实际意义，而是支配概率的理论法则。

徘徊在时间和空间里的森林小道，与概率论漫步了 60 年的我，一边写这篇稿子，一边在头脑中又走了一遍相同的路。虽然现实中无法再走一遍这样的路，但万幸的是，它能在头脑中实现。我成了字面意义上的“思考的苇草”[①]。

谢谢大家。

（这篇文章是第 14 届京都奖纪念演讲会的代读原稿。演讲会于 1998 年 11 月 11 日在国立京都国际会馆举行。伊藤清先生身体抱恙，只出席了前一天的颁奖仪式，演讲稿则由他人代读。）

---

① 此处借用了帕斯卡尔的名言“人是一根能思想的苇草”。——译者注

回顾随机分析的研究

2005 年度阿贝尔纪念研讨会以“随机分析与其应用”为题，当我知道这届会议是为了表彰我所做的工作及其发展的时候，我感到无上荣幸。在此向为研讨会的成功举办而付出不懈努力的组织委员表示感谢，与此同时，我也希望这篇回顾我的研究工作的拙文能令各位来宾多少产生些兴趣。

我的博士论文[1]在 1942 年出版，其中介绍了独立增量在时间连续的随机过程中的路径分解，这一内容现在被称为莱维过程的莱维 – 伊藤分解。在 1942 年的《全国纸上数学谈话会》（誊写印刷）上发表的日语论文[2]，以及于 1951 年作为美国数学学会的 *Memoirs of the American Mathematical Society* 的一册发行的扩充版论文中[3]，我将莱维对随机过程的看法与柯尔莫哥洛夫创建的马尔可夫过程的逼近方法统一起来，成功创造出随机微分方程和与其相关的随机分析理论。

在这些研究的背后，我思考的是将莱维过程作为马尔可夫过程的切线，在最近（2003 年）出版的斯特鲁克（Stroock）的著作[11]中，这一想法得到了充分说明。另外，上述三篇论文都收录在斯特鲁克和瓦拉丹共同编辑的我的论文集[8]中，编者为这本书写的序文和我自己写的前言中，都详细介绍了这一理论的形成过程及发展状况。

从 1954 年到 1956 年，我作为高等研究院的特别研究员一直留在普林斯顿大学。伟大的数学家所罗门・博赫纳（Salomon Bochner）与威廉・费勒（William Feller）都是当时高等研究院的教授。1953 年，我在就职的京都大学撰写了关于平稳过程的论文[4]，在论文中我使用了洛朗・施瓦茨（Laurent Schwartz）对博赫纳定理的扩展，也就是使用了正定广义函数的缓增测度的表示方式。事实上，博赫纳教授已经通过其他方法从本质上得到了这个扩展。这件事是我在普林斯顿大学时教授自己告诉我的。

费勒关于最普通的一维扩散过程的诸多研究，特别是将局部生成元通过标准尺度函数 s 和速度测度 m 表示为

$$\mathscr{G} = \frac{\mathrm{d}}{\mathrm{d}m}\frac{\mathrm{d}}{\mathrm{d}s}$$

的工作已经完成。我从当时还是费勒门下研究生的麦基恩那里知

道了费勒的这项研究。作为回报，我把我自己的研究工作告诉了他。

有时，麦基恩会试着根据前述切线的思路向费勒说明我在随机微分方程上所做的工作。令我没有想到的是，费勒十分理解我的研究的重要性，当我向他说明莱维提出的局部时的时候，他立即明白了这一概念与研究一维扩散过程的重要关联。

事实上，费勒在那之后给了我们以下猜想。让反射布朗运动的轨迹，在其原点的局部时 $t(t, 0)$ 超越遵从指数分布的随机时间时消失，可以得到服从弹性边界条件 $[0,\infty)$ 上的布朗运动。1963年，我和麦基恩发表在《伊利诺斯数学杂志》上的论文证实了这个猜想。

我从普林斯顿大学回到京都后，麦基恩在 1957 年和 1958 年留在了京都。直到 1965 年我们一起撰写的书 [10] 由施普林格出版社出版，我们一直保持着紧密的合作关系。同一时期，登金（Dynkin）和亨特（Hunt）将基于可加泛函的变换理论和概率论位势论结合，使强马尔可夫过程的一般理论公式化。

京都的概率论研讨会吸引了日本很多的青年概率论研究者。其中也有我门下的渡边信三、国田宽、福岛正俊这几位研究生。

包含我在内的出席者们关心的是将一维扩散过程的研究成果充分咀嚼，并向着更一般的马尔可夫过程进行有意义的扩展这一目标。从研讨会这种令人兴奋的氛围中诞生的诸多发现都有各自的特点，我想就其中几项进行说明。

费勒有一个著名的“比喻”。路线图（roadmap）标示了出现在生成元$\mathscr{G}$中的尺度函数 s，“一维扩散”旅行者 X_t 遵从这个路线图，以表示测度 m 的速度旅行。我和麦基恩在共同撰写的书中将这则比喻按如下方式进行了具体化。

设 X_t 为一维标准布朗运动（相当于 $\mathrm{d}s=\mathrm{d}x$，$\mathrm{d}m=2\mathrm{d}x$ 的情况），$x\in(-\infty,\infty)$ 中的局部时为 $t(t,x)$，我们来思考一下用以下式子定义的可加泛函 A_t。

$$A_t=\int_{-\infty}^{\infty}t(t,\ x)m(\mathrm{d}x)$$

这样一来，我们就可以知道通过 A_t 中 t 的反函数 τ_t 对 X_t 进行时间变更得到的随机过程 X_n，在法则上与遵从生成元

$$\frac{\mathrm{d}^2}{\mathrm{d}m\mathrm{d}x}$$

的扩散过程相等。

一维扩散过程的转移函数关于速度测度 m 对称，对应的狄氏型

$$\mathscr{E}(u,\ v)=-\int_{R^1}u\cdot\mathscr{G}v(x)\mathrm{d}m(x)=\int_{R^1}\frac{\mathrm{d}u}{\mathrm{d}s}\frac{\mathrm{d}v}{\mathrm{d}s}\mathrm{d}s$$

是从对称测度 m 分离出来，只由 s 来表示的。根据这一观察结果可知，通常 0 维的狄氏型$\mathscr{E}$指示着对应的马尔可夫过程 X_t 的路线图，关于相当于根据可加泛函对 X_t 进行时间变更的对称测度 m，我们想将其预想为不变。狄氏型是 1959 年博灵（Beurling）和戴尼（Deny）将其作为公理化位势论的函数空间论的框架引入的概念。这一理论虽然已经通过 Beurling－Deny 形式明确了路线图，但对称测度 m 的作用仍不明朗。上述预想受一维扩散过程路线的指引，已经被福岛正俊和其他研究者证明了（参考福岛、竹田、大岛等于 1994 年出版的著作[12]）。

本尾实和渡边信三在 1965 年共同撰写的论文[13]中，利用亨特的马尔可夫过程中的平方可积函数考察了鞅这一可加泛函全体

形成的空间，对其结构进行了深入分析。另外，迈耶在同一时期完成了下鞅的杜布－迈耶分解。这两项研究工作，在国田宽和渡边信三于1967年在《名古屋数学杂志》上发表的论文[14]与同年迈耶在斯特拉斯堡研讨会上发表的一系列论文[15]合流，由此，针对一般的半鞅的随机积分被定义，我于1942年和1951年创造出的概率解析在崭新的一般框架下获得新生。在那以后，包括我自己在内的众多研究者对随机分析和随机微分方程给予了更多的关心。

我与麦基恩在1963年发表的共同撰写的论文[9]中，通过射线[0, 8)上的扩散过程用概率论的方法记述在内部做布朗运动的物体（虽然还存在某种限制，但费勒已经用分析方法求出了记述和决定这种扩散过程整体的边界条件）。我们使用的方法中，包含着莱维关于局部时和从原点开始的游弋（excursion）的概率论的想法。1970年，我的论文[7]刊载在《第六届伯克利研讨会论文集》中。在这篇论文中，我贯彻了这一想法，特别的一个点a也适用于关于其自身的一般的标准马尔可夫过程X_t。我将X_t与在点a周围构成全体游弋的空间U中取值的泊松点过程对应，在到达a的时刻让后者的特性测度（U上的σ－有限测度）和X_t停止，由此显示出原始的 X_t 的法则只有一个。这一逼近方法与我在 1942 年研究的莱维过程的分解定理的无穷维类似，可以说打开了马尔可夫过程研究的新局面。

一维扩散过程的理论作为马尔可夫过程的基本原型，直到今天依然十分重要。除了我与麦基恩共同撰写的书 [10]，我还于 1960 年在印度孟买的塔塔基础科学研究所的讲义录中，对作为一般化的二阶微分元的费勒生成元进行了概括解说。

在 1957 年出版的《概率过程》[5] 一书的第二部中，我添加了关于费勒生成元的记述，并以分析的方式详细介绍了附带的齐次方程

$$(\lambda-\mathscr{G})u=0,\quad \lambda>0$$

在解的界限附近的行为及其在概率论上的意义。我虽然将文献 [5] 的原著在 1957 年出版时送给了登金，但许久之后才得知那本书被亚历山大 · 文策尔翻译了，并于 1960 年在莫斯科出版了第一部，1963 年出版了第二部。另外，耶鲁大学的角谷静夫在 1959 年注意到了我关于一维扩散过程的论述的重要性，于是劝说他的

学生伊藤雄二将第二部翻译成英文。之后，译文以誊写印刷的形式分发给了耶鲁大学那边的数学家们。半个多世纪后的现在，伊藤雄二将这本书全部翻译成英文，准备以 *Essentials of Stochastic Processes* 为题由美国数学学会出版。我听说这件事之后非常欣喜。

最后，我想向为庆祝我 90 岁生日开办随机分析研讨会的组委会的各位，以及肩负着这一领域新的发展使命并发表研究成果的参与者表示由衷的感谢。另外，再次感谢给我这个机会，让我在这里向大家讲述自己的回忆，我非常期待能拜读在这次研讨会上发表的所有论文。

参考文献

[1] K. Itô. On stochastic processes (infinitely divisible laws of probability). Japan. Journ. Math, 1942, 18:261-301.

[2] 伊藤清 . Markoff 過程を定メル微分方程式 . 全国紙上数学談話会誌 , 1942, 1077:1352-1440.(英译版 Kiyosi Itô Selected Papers 中包含这篇论文的英译。)

[3] K. Itò. On stochastic ditterential equations. Mem. Amer. Math. Soc, 1951, 4:1-51.

[4] K. Itô. Stationary random distributions. Mem. Coll. Science. Univ. Kyoto, Ser. A, 1953, 28:209-223.

[5] 伊藤清，随机过程 I 、II，岩波讲座现代应用数学 A.13. I，A.13. II，岩波书店（1957，单行本 2007），以 Essentials of Stochastic Processes 为题，于 2007 年在美国数学学会出版。

[6] K. Itô. Lectares on Stochastic Processes, Bombay: Tata Institute

of Fundamental Research, 1960.

[7] K. Itô. Poisson point processes attached to Markov processes, Proc. Sixth Berkeley Symp. Math. Statist. Prob, 1970, 3:225-239.

[8] D. W. Stroock, S. R. S. Varadhan. Kiyosi Itô Selected Papers, Berlin: SpringerVerlag, 1986.

[9] K. Itô, H. P. McKean. Brownian motions on a half line, Illinois Journ. Math, 1963, 7:181-231.

[10] K. Itô, H.P.McKean. Diffusion Processes and Their Sample Paths, Springer-Verlag, 1965. in Classics in Mathematics, Springer-Verlag, 1996.

[11] D. Stroock. Markov Processes from K. Ito's Perspective, Princeton University Press, 2003.

[12] M. Fukushima, Y. Oshima, M. Takeda. Dirichlet Forms and Symmetric Markov Processes, Walter de Gruyter, 1994.

[13] M. Motoo, S. Watanabe. On a class of additive functionals of Markov processes, J. Math. Kyoto Univ, 1965, 4:429-469.

[14] H. Kunita, S. Watanabe. On square integrable martingales, Nagoya Math. J, 1967, 30:209-245.

[15] P. A. Meyer. Intégrales stochastiques (4 exposés). Séminaire de Probabilités I, Lecture Notes in Math, 1967, 39:72-162.

第 6 章

回忆

关于秋月康夫老师的回忆

受秋月康夫老师的邀请，我从 1952 年起就职于京都大学，到去年（1984 年）老师辞世，已经有三十余年了。这些年我一直受到老师特别的照顾。我怀着对老师的感激之情，想写一些对老师印象深刻的事情。

我就任后很快就察觉到，秋月老师不是只将眼光局限在他的专业代数学上，而是着眼于整个数学领域。我不时受老师的款待，每逢受邀，必定会询问他的数学观。秋月老师经常对我说："不只是概率，我希望你能将思考范围扩大到京都大学的整个分析领域。"我自己也怀抱着这样的梦想，将函数分析方法用在了自己的研究上，因此秋月老师对我的期望令我很是欣喜。不过，关于微分方程、复变函数等我也只具备基础知识，由此深刻感受到继续学习的必要性。说起来容易做起来难，我一直处于焦虑之中，无法如预想一样前进。

秋月老师虽然研究的是代数，但预见到下一个时代的发展方向是代数几何，因此聚集了周围这一专业方向的年轻人，激励他们进行研究。在这个团体中，诞生了以永田雅宜、松村英之、广中平祐等人为代表的许多人才。

秋月老师不仅鼓舞着年轻人，自己也对这一崭新的领域进行研究，甚至还撰写了解释小平邦彦和德拉姆的理论的调和积分论。到了一定年纪，靠自己的本领继续工作没有什么困难，但进军新的领域就很难了。

秋月老师作为领头人，尝试对京都大学的数学教育进行创新。在战后急速发展的浪潮中，出现了讲座翻倍、讲座体系化的趋势，这正是改革的好机会。秋月老师以自己的数学观为基础，向代数、几何、分析等领域的人积极进言。秋月老师在评价年轻人时，并不拘泥于对方论文的数量或内容，他注重的是对方研究了什么样的难题，是如何进行研究的。对阿达马、嘉当、莱维这些天才数学家所研究的内容痴迷不已的人容易被吸纳到他的团体中。乍一看可能有些乱来，但后来证明此举十分正确，这之后我也钦佩于秋月老师的先见之明了。

在数学专业的人数基本固定，失业博士[①]屡见不鲜的现在，数学各领域的老师烦恼于周围环境，若是站在整个数学专业的角

① 指虽然获得了博士学位，但没有工作的人。——译者注

度发言，说不定会被人说不切实际。如此想来，当时对秋月老师来说实在是个好时代。

秋月老师是个笔头勤快的人，经常给我写信。他写了一手好字，内容也颇为浪漫。信的最后必定会附上一首短歌[①]，宛若明治时代的文化人。我从秋月老师的数学观中感受到了19世纪的浪漫主义情怀。

秋月老师以好酒闻名。那是我在丹麦奥胡斯大学时的事情。从国际数学家大会回来的路上，秋月老师和吉田耕作老师、河田敬义来到奥胡斯大学。三人收到宴会邀请，吉田老师和河田出席了，但秋月老师没有。秋月老师开玩笑说："我牙齿不好，什么都吃不了，还是想让伊藤来招待我。"于是我便请秋月老师去了我家。秋月老师一边品尝着鱼子酱一边畅饮威士忌，还调侃这是在汲取营养。吉田老师和河田也早早从宴会回来，光临了寒舍。大家喝着威士忌有说有笑。秋月老师先作了一首短歌，之后吉田老师和河田又各自作了一首。几首短歌的内容都与国外旅行有关。接着，秋月老师为我们展示了几首他

① 日本和歌的一种形式。有五句三十一个音节，第一行与第三行各有五个音节，其他各有七个音节。——译者注

之前的作品，还介绍了当时的情景。我没有赋诗的才能，因此十分羡慕。说是共饮，但河田几乎没怎么喝，吉田老师和我量力陪伴了一阵，之后就是秋月老师独饮，直到喝空了一瓶约翰尼·沃克。三人回酒店时已是深夜。在异国能和同胞相聚同饮甚是愉快。

提起秋月老师，就让我回想起谷口研讨会。谷口丰三郎先生是秋月老师在第三高等学校的同学，两个人算是刎颈之交。在动荡时期结束，重建机会来临时，优秀的年轻数学家接连出现。但是，当时大学的研究经费很少，不能像现在这样轻易在国内举办研讨会。举办国际研讨会更是举步维艰。秋月老师希望让年轻数学家们获得更多的动力，便找谷口先生商量，最终获得了谷口财团（确切地说是谷口工业奖励会45周年纪念财团）的全面赞助，计划每年挑选一个（现在是两个）数学课题举办研讨会。研讨会一开始限定在日本国内，偶尔会有恰巧在日本的外国数学家参加，之后便进化为国际研讨会，秋月老师一直热心参与研讨会的计划和实施工作。最近我和村上信吾先生也贡献了自己的力量。

差不多10年前，我在秋月老师的劝说下，开始计划举办关于概率论和分析的国际研究会。当时说到教室外的研究会，就是研讨会了。研讨会是公开的，谁都可以参加，但会场十分宽敞，不方便讨论。感觉与在数学学会召开的大会上听综合演讲和特别演讲没什么区别。谷口先生心目中的研讨会，是将钻研同一个课题的人聚集起来，全天讨论切磋，同时为国际友好交流提供契机。

秋月老师则认为就算采用非公开的形式，也要让尽可能多的年轻人参加。谷口先生正好就我计划的关于概率论与分析的研究会清楚地表达了自己的不满，于是邀请秋月老师和我一起进行商谈。广中平祐那时恰好在京都，便一同参加了。

在与谷口先生谈话的过程中，我发现了他设想的研讨会与当时在美国刚刚开始流行起来的 workshop（研习会）的形式十分接近。数理分析研究所的共同使用计划中的共同研究也是这种类型。之后和广中先生及村上先生商量之后，我们认为谷口先生确实有远见，我也遵循着这一理念重新制订了计划。但我觉得难得邀请到几位国外优秀的数学家，况且只有几名参加者进行交流的话也有点可惜，因此决定继续以研讨会的形式进行。我通过秋月老师向谷口先生提出请求，希望将计划改为谷口研习会与研讨会这样的形式。多亏了老师的不懈努力，两种形式都得到了赞助。现在，模式已经固定下来，负责策划的人也已经习惯，成果日渐丰硕。那时秋月老师身体欠佳，没能出席谷口先生举办的宴会，而今后我们也无法再见到老师的身姿了，实在令人遗憾。

关于秋月老师，我还记得他从不用打火机点烟，只用火柴。不知是不是生于明治时代的原因，他不太擅长使用新出现的工具。松村英之在读研究生的时候曾寄宿在老师家，有一次他想听广播，于是按下收音机的按钮，但什么动静都没有。老师说收音机在很久以前就坏掉了，但松村仔细一看，发现是插头松掉了。将插头插上之后，声音立刻传了出来，老师也吃了一惊。这是我听来的故事，其真实性还要和松村确认一下，但这确实是老师的风格，所以我认为这件事是真的。

秋月老师爱好钓鱼。我虽然不钓鱼，但因爱读有关钓鱼的随笔，所以很喜欢听老师讲他钓香鱼时的趣闻。有一天，秋月老师将一大早钓来的香鱼交给夫人和女儿烹饪，我和松村一起接受了款待。刚刚钓上来的鲜鱼被做成盐烤、生鱼片等菜式，十分美味。秋月老师没怎么动筷，一直饮酒，兴致满满地给我们讲钓鱼的故事。

关于秋月老师的回忆还有很多，包括他与冈洁老师的故事等，想写的话怎么也写不完。篇幅有限，我打算就写到这里。

（写于 1985 年）

近藤钲太郎老师与数学

近藤钲太郎老师在当时的旧制第八高等学校的老师中绝对算得上是一位卓越的老师，他也是在艰苦岁月中非常难得的一位老师。跟随近藤老师学习的学生都对他印象深刻，我想很多人的一生受到了老师的影响。这本纪念文集中，一定写有很多令我抱有同感的回忆，以及我没能发现的近藤老师的另一面。作为从八高毕业后选择走上数学研究道路的人，我在这里想以近藤老师的教学方式以及他与数学之间的故事为中心，写一写对他的回忆。我从近藤老师那里学到的与其说是数学知识，不如说是对数学研究的态度。这种态度是从近藤老师的课堂和他的话语中流露出来的。

我在 1932 年 4 月进入八高理乙班读书，近藤老师当时四十岁左右。理科班级中，理乙以德语为第一外语，学生中有一些人后来进入了理学院和工学院，但大部分人去的是医学院。我希望将来能就读数学专业，又听说德国的数学研究水平处于世界前列，因此选择了理乙。幸运的是，我们那个年级的数学教学是由近藤老师负责的，近藤老师在三年中一直教我们数学。

入学后没多久，近藤老师在课上发了一张试题纸。不是作业，而是让我们就上面写的东西进行思考。我看到内容后吃了一惊。下面我就来讲讲其中的两个问题。

一个问题是“指出下面句子中的逻辑错误”。

（1）吃得最少的人最饿，最饿的人吃得最多，所以吃得最少的人吃得最多。

（2）你很蠢，因为我只知道你做的蠢事。

当时，我对数学的理解还停留在代数就是精巧地进行计算，几何就是做好辅助线这种层面。近藤老师给出的题目让我陷入了沉思。

上面的例子是诡辩，没有正确的逻辑，那么诡辩和数学逻辑之间到底有什么区别呢？这个问题后来我也经常思考，并且得出了这样的结论：为了使数学的逻辑再接近诡辩也不会成为它，必须从明确的定义出发。

近藤老师不仅在课堂中教授数学知识，还会让学生自己进行思考，让学生真正理解这些知识。教育一词的英文是 education，德文是 Erziehung，二者的原意都是激发学生的潜能，近藤老师的教育方式正是实现这一理想的典型示例。这一点并不是我在听老师讲课时立刻明白的，当我自己也成为一名数学教育者之后，才渐渐感受到了老师的伟大之处。

试题纸上印着的另一个问题是描述 $\sqrt{2}$ 的定义。$\sqrt{2}$ 的值是 1.41421356…，之前为了应试，我曾经靠“意思意思而已”这条口诀来记忆，因此被问到定义时不知如何是好。我想过是不是可以将 $\sqrt{2}$ 定义为平方之后的结果等于 2 的数，但又觉得 $\sqrt{2}$ 都没有明确定义，又如何去求它的平方。想到这里，我愈发困惑了。

所幸，我在暑假期间阅读了高木贞治老师的《新式算术讲义》，看到里面戴德金利用分割来定义实数，隐隐约约抓住了定义 $\sqrt{2}$ 的正确方向。

那页试题让我深刻感受到了数学必须建立在严密的逻辑上。

大家都说近藤老师的数学课太难。在高二的微分学课程中，为了严密定义极限值，我们按照正规的顺序，从关于自然数的皮亚诺公理出发定义有理数，然后作为其分割来定义实数。这样的教学内容就算放在大学数学专业的课程中也会令初次听讲的学生烦恼，更不要说放在高中课堂上了。但是近藤老师进行了尝试，并在极短的时间里将课程讲完了。

虽然我之前在高木老师的著作中看到过这部分内容，但当时花了很长时间才明白其逻辑脉络，至于为什么要那样处理，我并不明白。然而，近藤老师在课上用只言片语就解开了我的疑惑，令我体会到了恍然大悟的畅快感。

有时，近藤老师会故意在课上跳过细节部分的推论，学生之后向他询问时他才会详细说明。有一次我去近藤老师家中问问题，他对我说："在上课时我故意讲错这里。这个错误在一本非常有名的书中也出现过。你注意到了吗？"我其实并没有注意到，因此感到难为情，这种心情至今我都记得。

近藤老师出的试题总是很难，颇令学生们烦恼。现在回想起来，不应该说难，而应该说是别具一格。大多数老师出的试题只要使用学过的定理就能解出，但近藤老师出的试题并非如此，必须从本质上理解定理的证明才能解出来。

举个简单例子。比如"求在和为 50 的两个数中乘积最大的两个数"这样的问题，只要应用"如果两个数的和为确定的值，则两个数相等时乘积最大"这个定理，就能知道这两个数都是 25。但近藤老师会把问题改成“求和为 50 的互质的两个数中，乘积最大的两个数”这样的形式。用之前的定理得到的 25 和 25 并不互质，但仔细看前面定理的证明，就会发现它是以“两数之积是两数之和的平方与两数之差的平方的差的四分之一”这一事实为基础的。因此，在这个例子中和是 50，两数的差越小，两数的积就越大。两数的差为 0（25、25）或 2（24、26）时，两数不互质，所以不行，但差为 4（23、27）时就可以了。

给很多“工具箱”准备定理并巧妙运用它们是最近数学使用者们的做法。与此相对，从证明中抓住数学定理的本质并发现新的定理，进而创造出新的理论，则是数学家的工作。近藤老师作为数学研究者进行授课，无论是授课内容还是习题都与普通的数学教学截然不同，令我十分佩服。

近藤老师的亲属们说他没有留下任何遗作。我想，恐怕近藤老师曾多次提笔，只是头脑中的想法一个接一个地涌现出来，只好不断重新开始。普通人觉得差不多就可以了，但近藤老师作为一个完美主义者肯定不会妥协。

从八高毕业后，我曾造访近藤老师家，那时老师曾透露想写一本叫作《数理新讲》的书，并和我讲了内容构想。这本书涵盖当时高中到大学低年级的数学内容，老师打算根据自己在八高多年的教学经验，在书中加入独特的思考。我曾在老师的课堂以及和他的谈话中多次听到在平常的书本中难得一见的具有深度的说明，这在我之后的研究中起到了巨大的作用，所以我期盼着近藤老师的这本著作能尽快完成。

这本书如果能够出版，我想一定能触动新制大学教养课程的学生，特别是立志研究数学的学生的心弦，成为一本名作。然而近藤老师几度提笔，不断推敲，最终还是没能完成，实在令人遗憾。

我作为数学研究者生活了五十余年，能在八高时代的 3 年里接受近藤老师的教诲，实在是三生有幸。我想再次对近藤老师表示感谢。

回想起每次去近藤老师家中拜访时接待我的师母的温柔身影，我最后还想再写一件事。有一次和近藤老师聊天时，师母端出了茶和刚刚出锅的豆沙包。近藤老师看都没看一眼，只顾着说话，我也因为忙着听老师说话没能品尝。就连师母来为我们添茶时，近藤老师也没停下，于是师母便静悄悄地将冷掉的茶和豆沙包撤下，过了一会儿，又将热茶和冒着热气的豆沙包端了上来，然后对我说：“快趁热吃吧。”于是我一边听近藤老师说话一边享用了。那时的豆沙包出奇地好吃。

（写于 1987 年）

关于十时东生的回忆

回想起来，和十时东生（九州大学名誉教授）亲切地交谈，是在20世纪60年代中期九州大学举行的集中授课上。那时，十时已经正式步入了遍历理论的研究轨道，经常在研讨会上发表演讲，内容条理清晰，简明易懂。特别是他的板书十分美观，因此记笔记都成了一种乐趣。

那时京都大学的教养学部让我介绍一位教概率统计的老师，我就提到了十时。十时很快就到了京都大学教养学部，差不多一年之后转到了数理解析研究所。我从1966年开始约有10年时间在丹麦的奥胡斯大学和美国的康奈尔大学任职，因此没什么机会在京都与十时好好聊天。

幸运的是，十时在1968年来到了德国，好像是在埃尔朗根大学的雅各布教授那里待了一个月。当时的谈话内容我已经记不太清了，但最后的结果是他会在我任职的奥胡斯大学停留一年。十时也在大学里教课，教学内容依然条理清晰。我很高兴我们两人又能用日语畅聊数学。十时的说明和他的教学一样明晰，让我获益良多。

我当时举家迁往国外，而十时只有一个人过来，我们觉得他一个人做日本菜很麻烦，所以就让他到家里来吃饭，有时还会招待他住在家里，由此，他与我家人的关系也变得亲密了。

我一直觉得十时这个姓氏很少见，听闻他们家从室町时代起就经营寺院，这才明白了十时远离世俗、性情温和的原因。

有一次，我招待十时和一位从瑞典来的年轻数学家吃晚饭。瑞典好像没有荞麦面这种食物，因此我特意在荞麦面中加了汤。在欧美，吃饭时发出声音会被认为没有礼貌，他们绝不会啜饮或是咂舌。因此，我们把荞麦面切成约两厘米长，做成了荞麦面汤，用勺子吃起来非常方便。与往常一样，十时当晚住在我家，无论是我还是十时，都没觉得自己吃了荞麦面，于是和家人一起做了冷荞麦面吃了起来。这次大家没了顾虑，放出声音吸溜着吃面，感叹着这才是真正的荞麦面，哈哈大笑起来。

每次十时在家中留宿，我和女儿（当时是初中生）都会向他学习下围棋。我们只知道围棋的规则，不懂什么技巧，所以下棋时十时会让六子。十时一定觉得很无聊吧，但他一点都没有表现出来。当我问他是不是在和我们随便下下的时候，十时回答道：

“不是，我每次下的都是对我来说最有利的一步棋，要不然我是无法进步的。”即使对手比自己的水平要低上很多，十时也从没有轻视对方。

实际上我女儿进步很快，领悟力也很好，十时心中恐怕也是这么认为的，但他坚决不说。有一次我下了一步臭棋，十时说：“要是令爱的话绝对不会走这一步。”这是我听过的他说出的唯一一句严厉的话。然而从这句话中，我感受到了他对我女儿的认可，于是溺爱孩子的我一点都不觉得难受。十时就是这种在无意中也会体谅他人的人。

后来我也回到了京都大学，与十时一起任职于数理解析研究所。有一天十时身体不适，于是我找他的主治医生说了他的情况，当时我十分担心。十时当然和谁都没有说，我只能自己担心。他住院的时候，我也一直祈祷着手术能够成功。万幸，十时在手术后一切顺利，出院后身体很快恢复了健康，并于 1981 年出任了广岛大学教授。多日后，当我再次看到他健康的身姿时，差点流下眼泪。

即使到了广岛大学，十时依然研究着遍历理论，并取得了丰硕的成果。他用在奥胡斯教我和我女儿下围棋时的温和态度对待广岛大学的学生，十时被学生倾慕的景象仿佛就在我的眼前。

十时于去年6月因病辞世。然而他的音容笑貌一直留在我的脑海里。想必接触过他的人都会如此吧。

（写于1992年）

关于河田敬义的回忆

我尊敬的朋友河田敬义离开人世已近半年。我在 1935 年进入东京大学理学部数学专业时与河田相识，58 年来一直保持着亲密的关系。这期间我们挣扎于日新月异的世间，终日忙碌，连悠闲叙旧的时间都没有，河田就这样先走了。

从很久前我就想感谢河田了。其实，在河田的三十日祭上我已经简单提过这件事，但因为这件事一直深深地留在我的心中，所以借此机会，我想连同背景把它以文章的形式讲述出来。

从河田的研究成果就能看出来，他从学生时代起，就以代数学和数论为中心对整个数学领域进行研究，颇有学者风范。当时的我还在杂乱无章地读着数学书，研究方向也定不下来，浑浑噩噩。那段时间，通过大数定律和遍历理论，我感觉到随机现象中也存在着数学法则，于是对概率论产生了兴趣。当时数学专业每个班有十几人，没有概率论的讲座，也没有什么能听我说话的朋友，除了当时唯一一个学习了数学全部分支的河田。

弱大数定律和中心极限定理只涉及有限个随机变量，我觉得自己理解得差不多，但强大数定律涉及无限个随机变量，所以我总感觉理解得不够透彻。我不是不能理解某个数学定理的证明，而是不能理解公式化方面的内容。河田也和我一起思考了这个问题。他参阅了很多书，告诉我弗雷歇的书中，在“基本集合”的基础上考虑了概率这一集合函数，将随机变量作为这一集合上被定义的函数来表示，这个想法可以公式化强大数定律。

然而，在强大数定律的情形下，要说“基本集合”是什么，问题就转化为随机变量的可数列能取的所有值，也就是可数无穷维空间，在这个集合中如何加入概率测度。如果是利用有限个坐标就能确定的柱集，倒也比较好研究，但因为强大数定律涉及无穷多个坐标，所以问题依然没有解决。于是河田和我又找到了柯尔莫哥洛夫的名著《概率论基础》。

刚进东京大学没多久，有一次我同河田与小平邦彦一起去丸善书店，就看到这本书被书店摆了出来。那时我并没意识到这是本关于概率论的书，只是看了几眼，但这一次我准备认真拜读了。当我强调这本书中柯尔莫哥洛夫扩张定理的重要性时，河田并没有马上表示赞同。我一再重复后，他对我说："你是想说存在定理很重要，是吧?"这句话让我明白了自己原本想表述的意思。现在从测度论基础上的概率论开始学习的学生可能不明白我们在慢吞吞地研究些什么，但这是河田和我当时认真讨论后得出的结论。现在回想起来，又觉得难为情，又觉得怀念。

直到那时，我还对概率论是否能算作数学的一个分支抱有疑问，但因为柯尔莫哥洛夫的著作，我终于对概率论产生了兴趣。阅读相关的论文和图书时，我被莱维关于独立增量过程的名著 *Théorie de l'addition des variables aléatoires* 深深震撼，但那种依靠直觉的推论方法，还是无法解决很多问题。于是我试着用柯尔莫哥洛夫的方法，将莱维的理论用自己可以接受的形式重写，但阻碍巨大，寸步难行。

那时虽然河田已经开始了他在代数学、数论领域的专业研究，但我们见面时，我总是会向他诉说我遇到的问题。他总是用心倾听我的问题，还会告诉我杜布发表了相关的论文。当时他担任数学教室的助理，能看到新到的书和论文，可能是在那里看到了杜布的论文。

我即刻阅读了杜布的论文，明白了仅靠柯尔莫哥洛夫书中的框架不能严密定义莱维的理论，还需要杜布提出的可分变形的概念。由此，我总算严密定义了莱维的分解定理并对其进行了证明。这样一来，我也增加了几分自信，开始着手研究独立增量过程一般化的马尔可夫过程。这也成了日后我的研究工作的出发点。

杜布在那时还不是很出名，我对论文和图书的涉猎又不广泛，若河田没有告诉我杜布发表了论文，我在遭遇挫折后对概率论失去兴趣也未可知。在五十多年后的今天，我心中涌上了对河田深深的感激之情。这份感激已无法向他本人传达，实在是令人遗憾。

与河田长久的友谊中有很多可说的事情，至今还鲜明地存留在我脑海中的，是我在丹麦奥胡斯大学时候（1966—1969）的事情。秋月康夫老师、吉田耕作老师和河田三人在参加完国际数学家会议（莫斯科）后来到奥胡斯大学，当时我在家中招待了他们。秋月老师畅饮了威士忌，吉田老师也喝了不少，而河田只喝了果汁。乘着兴致，秋月老师在纸上写下了几首和歌，都是他的得意之作，吉田老师也写了一首，河田在最后也写下一首。这张纸我虽然保留了很长时间，但最终因为辗转搬家遗失了，写在上面的和歌我也已经忘记了。

秋月老师和吉田老师相谈甚欢，一直静静听他们聊天的河田在离开时对我说：“其实我有话想和你说，但看老师们聊得那么起劲，等下次有机会再聊吧。”妻子笑着说：“河田先生之前来的时候也说了一样的话。”我也有这种感觉。

（写于 1994 年）

本书文章出处

第一章　刻骨铭心的话语

刻骨铭心的话语（文部省大臣官房情报处理课编《教育与情报》，1978 年 12 月）

数学研究刚刚起步的岁月（道——昭和之一人一话集，1984 年）

直观与逻辑的平衡（追忆高木贞治先生，1986 年）

第二章　数学的两大支柱

科学与数学（数学研讨会，日本评论社，1978 年 9 月）

数学的两大支柱（科学，岩波书店，1980 年 5 月）

奇怪的学生（数学研讨会，日本评论社，1983 年 7 月）

色即是空，空即是色（月刊健康，1992 年 10 月）

第三章　数学的乐趣

数学家与物理（岩波讲座基础数学月报，岩波书店，1984 年 3 月）

欧拉的应用数学（岩波讲座应用数学月报，岩波书店，1993 年 11 月）

数学的乐趣（岩波讲座现代数学的基础月报，未发表，1997 年）

数学的科学性与艺术性（月刊 mathematics，海洋出版，1980 年 1 月）

第四章　概率论是什么

概率论的历史（日本精算师协会会报，1989 年 3 月）

从组合概率论到测度论基础上的概率论（京大弘报，京都大学理学院，1988 年 3 月）

柯尔莫哥洛夫的数学观与成就（数学研讨会，日本评论社，1988 年 10 月）

第五章　与概率论一起走过的 60 年

与概率论一起走过的 60 年（稻盛财团，1998 年 2 月）

回顾随机分析的研究（科学，岩波书店，2006 年 4 月）

第六章　回忆

关于秋月康夫老师的回忆（遗香——缅怀秋月老师，1985 年）

近藤钲太郎老师与数学（近藤钲太郎老师纪念文集（八高），1987 年）

关于十时东生的回忆（十时东生——人与数学，1992 年）

关于河田敬义的回忆（河田敬义追忆集，1994 年）

附录 随机微分方程——成长与展开（数理科学，science 社，1978 年 11 月）

后记

日文版后记

根据初出一览表，本书收录的文章，是父亲于1978年至2006年这28年间所写的。父亲生于1915年，于2008年去世，享年93岁，写作这段时间处于父亲的晚年岁月。虽然我通过本书第一次看到1993年投稿给岩波讲座应用数学月报的《欧拉的应用数学》一文，但若要说父亲讲过的关于欧拉的故事，我从小学就听过很多“变奏曲”。

其中的几则故事，虽然与数学的“欧拉主题变奏曲”无关，但因为与我和父亲的私人轶事有所关联，所以一直留在我的记忆中。我出生于1939年，当时父亲在统计局工作，他产生了将用严密优美的数学语言撰写论文作为自己一生事业的想法。父亲为我取名为“计子”，我从对语言和文字有意识的时候起，就讨厌自己的名字。统计的计，计算的计，总觉得里面有太多父亲的私心。

父亲说:“欧拉到死之前还在计算，但他并不是在计算金钱。欧拉是在1783年9月7日去世的，当时在圣彼得堡……”9月7日是父亲的生日，欧拉死于法国大革命爆发的6年前，我就是这么记住欧拉的逝世时间的。另外，1989 年，父亲时隔 50 年再次在日本精算师协会发表演讲，这个时间我也是用法国大革命 200 周年来记住的，后来才知道这是在京都召开的世界数学家大会（ICM90）的前一年。我还是小学生的时候，《双城记》这本书带领我进入了法国大革命的世界。这本书还是父亲在学生时代购买的岩波文库的旧版，在买不起新版的战后时代，父亲的这本旧书是我最爱的读物。

关于欧拉的死，弥永昌吉老师在《数学家的 20 世纪》（岩波书店）中介绍过孔多塞所写的追悼文。父亲在 1941 年读过弥永老师的文章，而我则在 2000 年的一个秋日拜读了这篇文章。看完后，我似乎跨越半个世纪与父亲口中的欧拉相逢了。虽很惶恐，但在这里还是引用其中一段。

“1783 年 9 月 7 日，在石盘上试着计算了当时困扰整个欧洲的气球的升力问题后，他与家人及莱克塞尔一起享用了晚餐，并就赫歇尔发现的天王星及其轨道计算进行了讨论。饭后过了一阵，他将孙子叫到身旁，一边喝茶，一边逗孙子玩，突然他手中的烟斗掉落到了地上。那时他停止了计算，同时他的心跳也停止了。(Il cessa de calculer et de vivre.)”

我手边的小百科辞典 *LEPETIT LAROUSSE*(1996 年版)中记载“孔多塞是法国的数学家、哲学家、经济学家和政治家。1794 年作为吉伦特党党员被捕，在行刑前服毒自杀。其遗骨于 1989 年请入了先贤祠”。我依稀记得在法国大革命 200 周年的 1989 年，日本也有很多相关的报道。

最后，这本书虽不是数学专业书，但能由岩波书店发行，无论是对过世的父亲来说还是对我们遗属来说都是一件幸事。从父亲生前就一直给予关照的池田信行老师、高桥阳一郎老师以及岩波书店的吉田宇一先生等，到本书发行为止一直都倾力相助。在这里，我想借这篇后记向他们表示由衷的感谢。

儿岛计子

写于 2010 年秋日

中文版后记

致汉字之故乡——中国的读者：

我的祖父是历史和汉文老师，父亲是数学家，我只是一个喜欢读书的人，而汉字或许就是将我们三人连接在一起的“红线”。

父亲还是年轻数学家时，他的第二个女儿在出生 4 个月后不幸夭亡。当时，祖父从三重县的老家急忙赶到东京，为其设立了白木牌位，上书“释尼妙数童女”，家族中的所有人都悲痛欲绝。父亲与当时 2 岁的我，每天都会在牌位前唱诵“释尼妙数童女，愿望遥处再见，南无阿弥陀佛”。这些萦绕在我耳中的声音，之后被我用文字写了下来，解其意后，我既满足又感动。当然，这些文字可能不符合汉语的语法，还望见谅。

另外，还有一件我从曾祖父、祖父、父亲那里感受到传承的事情。那是一句话：“音乐、数学、文学是同根的大树。如果将风吹动树叶的窸窣声，用它们各自领域的语言表现出来，那么将这些语言记录成谱并为之感动的人，会通过演奏让更多人体会到其中的乐趣。”

父亲是数学家，祖父是书法家，他们都是将“风吹动树叶的窸窣声”表现为语言的人，曾祖父是一辈子听着风的声音在田间劳作的人。曾祖父 80 多岁时，引着 5 岁的我，让我认识了风云日月与星座，还有青冈栎树枝的重量。我喜欢听着音乐读书，但除了因为一些机缘为父亲的书写后记之外，自己没有任何著作。在此，就让我代替父亲，在父亲生涯最后的那个时刻，将父亲的一生咏为一首俳句与两首和歌，代为本书中文版的后记。

风的窸窣声

是随机微分之春

到来的痕迹

因有静谧庭院在

方有长路慢步行

友人亦云集

数之神秘醉心神

研究以为乐

静谧庭院携友行

儿岛计子

写于 2023 年初春之日

附录
随机微分方程——成长与展开

1. 马尔可夫过程的样本路径的表现

1940 年，我之所以会想到随机微分方程，是因为读到了柯尔莫哥洛夫所写的一篇著名的论文《概率论中的分析方法》（*Math. Ann.*1931）。设 $\{X_t\}$ 为马尔可夫过程（现在称为连续马尔可夫过程），那么各时点的变动就可以利用

$$E(X_{t+\Delta}-X_t \mid X_t=x)=a(t,\ x)\Delta+o(\Delta) \quad \text{(K.1)}$$
$$V(X_{t+\Delta}-X_t \mid X_t=x)=b(t,\ x)\Delta+o(\Delta) \quad \text{(K.2)}$$

确定，这也是柯尔莫哥洛夫理论的出发点。特别是当 $\{X_t\}$ 为维纳的布朗运动（维纳过程）$\{B_t\}$ 时，

$$E(B_{t+\Delta}-B_t \mid B_t=x)=0$$
$$V(B_{t+\Delta}-B_t \mid B_t=x)=\Delta。$$

想象 $X_{t+\Delta}-X_t$ 可以由 $B_{t+\Delta}-B_t$ 通过 $X_{t+\Delta}-X_t=a(t,\ X_t)\Delta+\sqrt{b(t,\ X_t)}$

$(B_{t+\Delta}-B_t)+o(\Delta)$ 得到，针对随机微分方程

$$\mathrm{d}X_t = a(t,\ X_t)\mathrm{d}t + \sqrt{b(t,\ X_t)}\mathrm{d}B_t \qquad (1.1)$$

进行思考，并求解此式，通过布朗运动的样本路径确定连续马尔可夫过程的样本路径。

伯恩斯坦（Berstein）和莱维也在考虑类似的象征意义。莱维将上式写为以下形式。

$$\mathrm{d}X_t = a(t,\ X_t)\mathrm{d}t + \sqrt{b(t,\ X_t)}\xi_t\sqrt{\mathrm{d}t}$$

$\{\xi_t\}$ 是服从标准正态分布 $N_{0,\,1}$ 的随机变量。这里重要的是为（1.1）赋予明确的数学意义。这个意义可以通过将式子（1.1）改写为积分的形式

$$X_t = X_0 + \int_0^t a(s,\ X_s)\mathrm{d}s + \int_0^t \sigma(s,\ X_s)\mathrm{d}B_s \qquad (1.1')$$

$$(\sigma = \sqrt{b})$$

得到。

（1.1′）的第一个积分不存在什么问题，但因为第二个积分不是布朗运动 $\{B_t\}$ 的样本路径的有界变差，所以不能定义为斯蒂尔切斯积分。这样考虑的话，就可以尝试将

$$\int_0^t Y_s \mathrm{d}B_s \tag{1.2}$$

这个形式的积分定义为满足上述目的的形式。柯尔莫哥洛夫认为，由于 $a(s, x)$、$b(s, x)$ 的连续性是假定的，所以只要考虑 $\{Y_t\}$ 是连续随机过程的情况即可，但单凭这一点并不能定义（1.2）的积分。深入思考的话，将 X_0 作为常数 x，用（1.1）确定 $X_{\mathrm{d}t}$，接着用（1.1）确定 $X_{2\mathrm{d}t}$，后面采用同样的步骤，X_t 应该会变为 $(B_s, s\leqslant t)$（布朗运动的 t 以前的行动）的函数。因此，$\sigma(t, X_t)$ 也是 $(B_s, s\leqslant t)$ 的函数。这样，假定（1.2）的 $\{Y_t\}$ 拥有这个性质即可。着眼于此性质的话，我们就可以确定

$$\int_0^t Y_s \mathrm{d}B_s = \lim_{|\Delta|\to 0}\sum_{i=1}^{n} Y_{s_{i-1}}(B_{s_i} - B_{s_{i-1}}) \tag{1.3}$$

（在概率收敛的意义上）

$$\Delta = \{0 = s_0 < s_1 < \cdots < s_n = t\}$$
$$|\Delta| = \max(s_i - s_{i-1})。$$

这里取 Y_{si-1} 非常重要，像斯蒂尔切斯积分的情况那样，如果取 $Y_{\tau i}$（$s_{i-1} \leqslant \tau_i \leqslant s_i$）的话就无法顺利进行下去。这一点后来在物理学家和工程学家之间引发了讨论，我会在后面叙述这一点与斯特拉托诺维奇积分的关联。但从（1.1）的直观意义上考虑，我对于取 $Y_{s_{i-1}}$ 的做法并没有任何抵触，从马尔可夫过程的精神上来说反而觉得很自然。

方程（1.1）的意义已经十分明确了，我们只要解出它就可以了。$\sigma \equiv 0$ 时方程就变为普通的积分方程，利用皮卡逐次逼近法可以解出该方程，因此在 $\sigma \neq 0$ 时也使用同样的方法。实际上，当 $a(t, x)$ 和 $\sigma(t, x)$ 满足关于 x 的利普希茨条件

$$\begin{array}{l} |a(t, x) - a(t, y)| \leqslant K|x - y| \\ |\sigma(t, x) - \sigma(t, y)| \leqslant K|x - y| \end{array} \quad （K 与 t 没有关系） \quad （1.1）$$

时，（1.1′）的解就确定了，这个解确定马尔可夫过程，并且显示出满足前面叙述的柯尔莫哥洛夫的条件（K.1）和（K.2）。

上面是我想到的随机微分方程的背景。之后在日本，渡边信

三（京都大学）、国田宽（九州大学）利用杜布的遍历理论将随机积分的定义一般化。在法国，迈耶（斯特拉斯堡大学）与其小组成员沿同一方向进一步进行研究，关于应用随机微分方程的研究在美国、苏联、法国兴盛起来。随机微分方程如今也成为概率论中重要的领域之一，与此理论和应用相关的国际研讨会也多次举办。我开始研究这个理论的时候正值战争期间，在日本国内印刷十分困难。我的日语版论文虽然在大阪大学的《全国纸上数学谈话会》（1942 年誊写印刷）上发表，但对此感兴趣的只有两三个人，与现在的情况完全不同。

2. 随机积分和随机微分的性质

现在，随机积分和随机微分已经实现一般化了，为了让叙述更加易懂，我在这里以维纳过程（布朗运动）为基础对最为经典的情形进行说明。另外，我不会对可测性的相关内容展开讨论，而是只阐明原理。将 $B=\{B_t, 0\leq t<\infty\}$ 设为维纳过程。

对于所有的 t，当 X_t 变为 $\{B_s, 0\leq s\leq t\}$（B 的过去的行动）的函数时，X 是符合 B 的。

$$X_t^{(1)} = f(t) \text{（}f(t)\text{ 是只由 }t\text{ 确定的连续函数）}$$

$$X_t^{(2)} = B_t^2 + {B_{t/2}}^2 \text{，} \quad X_t^{(3)} = \int_0^t (B_s^3 + B_s)\mathrm{d}s$$

等，都符合 B。X_t 关于 t 连续，并且针对所有的 t 有

$$E\left\{\int_0^t X_s^2 \mathrm{d}s\right\} < \infty \text{。}$$

当它符合 B 时，$X=\{X_t\}$ 便属于 $\mathscr{C}_2(B)$。上述列举的 $X^{(1)}$、$X^{(2)}$、$X^{(3)}$ 都属于 $\mathscr{C}_2(B)$。

当 $X \in \mathscr{C}_2(B)$ 时，其积分

$$Y_t = \int_0^t X_s \mathrm{d}s \text{，} \quad 0 \leqslant t < \infty \tag{2.1}$$

也属于 $\mathscr{C}_2(B)$。那么对于 $X \in \mathscr{C}_2(B)$，其随机积分通过

$$\int_0^t X_s \mathrm{d}B_s = \lim_{|\varDelta| \to 0} \sum_{i=1}^n X_{si-1}(B_{s_i} - B_{s_{i-1}}) \tag{2.2}$$

定义。Δ 与（1.3）中描述的相同，lim 表示均方收敛。考虑到 B 的未来增量 $B_{t+\Delta}-B_t$ 与 B 的过去的行动 $\{B_s, s\leqslant t\}$ 是独立的，我们可以证明这个定义具有确定的意义，其拥有下面的性质。

$$E\left(\int_0^t X_s \mathrm{d}B_s\right)=0 \tag{I.1}$$

$$E\left(\left(\int_0^t X_s \mathrm{d}B_s\right)^2\right)=E\left(\int_0^t X_s^2 \mathrm{d}s\right) \tag{I.2}$$

当 $X\in\mathscr{C}_2(B)$ 时，其随机积分

$$Y_t=\int_0^t X_s \mathrm{d}B_s$$

也属于 $\mathscr{C}_2(B)$，这一点可以通过（1.3）和（1.2）证明。

因为维纳过程 $B=\{B_t, 0\leqslant t<\infty\}$ 不是有界变差，所以

$$\int_0^t |\mathrm{d}B_s|=\lim_{|\Delta|\to 0}\sum_{i=1}^n |B_{s_i}-B_{s_{i-1}}|=\infty 。$$

但二次变差是有限的，因此有

$\int_0^t (\mathrm{d}B_s)^2 = \lim_{|\varDelta|\to 0}\sum_{i=1}^{n}(B_{s_i} - B_{s_{i-1}})^2 = t$（$\varDelta$ 和 $|\varDelta|$ 的意义与（1.3）相同）。

据此，

$$
\begin{aligned}
B_t^2 - B_0^2 &= \sum_{i=1}^{n}({B_{s_i}}^2 - {B_{s_{i-1}}}^2) \\
&= \sum_{i=1}^{n} 2B_{s_{i-1}}(B_{s_i} - B_{s_{i-1}}) + \sum_{i=1}^{n}(B_{s_i} - B_{s_{i-1}})^2。
\end{aligned}
$$

$|\varDelta| \downarrow 0$，则

$$B_t^2 - B_0^2 = \int_0^t 2B_s \mathrm{d}B_s + t。$$

一般情况下，

$$f(B_t) - f(B_0) = \int_0^t f'(B_s)\mathrm{d}B_s + \int_0^t \frac{1}{2} f''(B_s)\mathrm{d}s$$

成立。虽然在上述两个式子中，第二项在适用性上与普通的积分不同，但 $B=\{B_t\}$ 不是有界变差，这种差异是随机积分定义的方法（式子（2.2））造成的。为了避免这种情况，斯特拉托诺维奇

利用

$$(S)\int_0^t X_s \mathrm{d}B_s = \lim_{|\Delta|\downarrow 0}\sum_{i=1}^{n}\frac{X_{s_{i-1}}+X_{s_i}}{2}(B_{s_i}-B_{s_{i-1}}) \qquad (2.3)$$

进行定义，并将其称为对称随机积分。为了使这个定义成立，必须对 X 设置一些较强的条件，并且不让上面的性质（1.1）和（1.2）成立。实际上，因为随机积分能扩展到比 $\mathscr{C}_2(B)$ 更广的范围，所以从这一点来说，随机积分比对称随机积分更加适合。不过，对于那些不需要在那么广的范围进行思考的问题，使用对称随机积分更加便利。

在

$$X_t = X_0 + \int_0^t Y_s \mathrm{d}B_s + \int_0^t Z_s \mathrm{d}s \quad (X_0 \text{ 与 } B \text{ 是独立的})$$

的时候，

$$\mathrm{d}X_t = Y_t \mathrm{d}B_t + Z_t \mathrm{d}t \text{ ,}$$

我们把它称为随机微分。关于随机微分，变换公式为

$$\begin{aligned}&\mathrm{d}f(X_t^1,\ X_t^2,\ \cdots,\ X_t^n)\\&=\sum_{i=1}^{n}\partial_i f\cdot \mathrm{d}X_t^i+\frac{1}{2}\sum_{i,j=1}^{n}\partial_i\partial_j f\cdot \mathrm{d}X_t^i\cdot \mathrm{d}X_t^j\end{aligned} \tag{2.4}$$

对 $\mathrm{d}X_t^i\cdot \mathrm{d}X_t^j$ 进行计算，只要取

$$(\mathrm{d}B_t)2=\mathrm{d}t\ ,\quad \mathrm{d}B_t\cdot \mathrm{d}t=0\ ,\quad (\mathrm{d}t)^2=0$$

就可以。在

$$X_t=X_0+(S)\int_0^t Y_s\mathrm{d}B_s+\int_0^t Z_s\mathrm{d}s$$

时，如果将 $\mathrm{d}X_t$ 记为

$$\mathrm{d}X_t=Y_t\circ \mathrm{d}B_t+Z_t\mathrm{d}t$$

变换公式就会变为以下形式。

$$df(X_t^1, X_t^2, \cdots, X_t^n) = \sum_{i=1}^{n} \partial_i f \circ dX_t^i \qquad (2.5)$$

它与微积分中的变换公式形式相同。

（2.4）和（2.5）表示的是同一个事实，（2.5）虽然在形式上比（2.4）更为优秀，但适用范围较小。不过针对一些特定问题，（2.5）使用起来更便利。

$X_t \circ dB_t$ 和 $X_t dB_t$ 的关系如下所示。

$$X_t \circ dB_t = X_t dB_t + \frac{1}{2} dX_t \cdot dB_t$$

一般记为以下形式。

$$X_t \circ dY_t = X_t dY_t + \frac{1}{2} dX_t \cdot dY_t \qquad (2.6)$$

利用此式试着解下面的式子。

$$dX_t = X_t dB_t \qquad (2.7)$$

用（2.6）变形后得到以下式子。

$$\begin{aligned} \mathrm{d}X_t &= X_t \circ \mathrm{d}B_t - \frac{1}{2}\mathrm{d}X_t \cdot \mathrm{d}B_t \\ &= X_t \circ \mathrm{d}B_t - \frac{1}{2}X_t(\mathrm{d}B_t)^2 \\ &= X_t \circ \mathrm{d}B_t - \frac{1}{2}X_t\mathrm{d}t \\ &= X_t \circ \mathrm{d}\left(B_t - \frac{1}{2}t\right) \end{aligned} \tag{2.8}$$

因此，像普通的微积分一样取

$$X_t = X_0 \exp\left(B_t - \frac{1}{2}t\right) \tag{2.9}$$

即可。实际上，根据（2.5）能得到

$$\begin{aligned} \mathrm{d}X_t &= X_0 \exp\left(B_t - \frac{1}{2}t\right) \circ \mathrm{d}\left(B_t - \frac{1}{2}t\right) \\ &= X_t \circ \mathrm{d}\left(B_t - \frac{1}{2}t\right) \ (\text{根据}(\mathrm{e}^x)' = \mathrm{e}^x)。\end{aligned}$$

这就证明了（2.9）是（2.8）的解（也就是式子（2.7）的解）。

杜布指出，随机积分和随机微分并不一定要以维纳过程为基础，应该以更加一般的遍历理论作为背景来考虑，渡边信三和国田宽创造出极为一般化的优美理论，并阐明在以遍历理论为背景的情况下变换公式也是成立的。迈耶进一步将这些内容整合成更加精巧的理论。关于这些现代理论，请参照渡边信三的著作《随机微分方程》(確率微分方程式)。

3. 随机微分方程的解法

本文开头曾提到过，若想确定柯尔莫哥洛夫的连续马尔可夫过程的路径，只需要将随机微分方程

$$\mathrm{d}X_t = a(t,\ X_t)\mathrm{d}t + \sigma(t,\ X_t)\mathrm{d}B_t\,,\quad X_0 = x \qquad (\sigma = \sqrt{b})$$

解出来就可以了。此式与积分方程

$$X_t = x + \int_0^t a(s,\ X_s)\mathrm{d}s + \int_0^t \sigma(s,\ X_s)\mathrm{d}B_s$$

是等值的，因此求解这个方程即可。求解方法有很多，最基本的

是皮卡逐次逼近法，通过

$$X_t^{(0)} \equiv x$$
$$X_t^{(n+1)} = x + \int_0^t a(s, X_s^{(n)})\mathrm{d}s + \int_0^t \sigma(s, X_s^{(n)})\mathrm{d}B_s$$

表示 $X_t^{(n)}$ 存在极限，只要说明极限 X_t 是解便可。事实上，只要有前述的利普希茨条件就可以实现这一点，并且可以显示出解的单值性。要想显示出这个解满足柯尔莫哥洛夫的条件（K.1）和（K.2），则要对光滑函数 f 应用变换公式

$$\begin{aligned}
\mathrm{d}f(X_t) &= f'(X_t)\mathrm{d}X_t + \frac{1}{2}f''(X_t)(\mathrm{d}X_t)^2 \\
&= f'(X_t)a(t, X_t)\mathrm{d}t + f'(X_t)a(t, X_t)\mathrm{d}B_t \\
&\quad + \frac{1}{2}f''(X_t)\sigma^2(t, X_t)\mathrm{d}t \\
&= \left(a(t, X_t)f'(X_t) + \frac{1}{2}b(t, X_t)f''(X_t)\right)\mathrm{d}t \\
&\quad + f'(X_t)a(t, X_t)\mathrm{d}B_t \ (b = \sigma^2)
\end{aligned} \tag{3.1}$$

使用微分算子

$$(L_t f)(x) = a(t, x)f'(x) + \frac{1}{2}b(t, x)f''(x)$$

后，dt 的系数记为 $Lf(X_t)$。微分算子 L_t 被称为上述马尔可夫过程的生成元，因此 L_t 的共轭算符 L_t^* 在物理学中被称为 Fokker-Planck 的微分算子。柯尔莫哥洛夫的理论虽然主张 X_t 的转移概率

$$p(s,\ x,\ t,\ E)=P\{X_t\in E\mid X_s=x\}$$

可以作为 s 和 x 的函数

$$\frac{\partial p}{\partial s}=-L_s p\ ,\quad p(t-,\ x,\ t,\ E)=\delta_x(E)$$

的解得到，但这个事实从（3.1）也可以很容易被推导出来。

随机微分方程也可以放在 r 维中思考，这种情况只要以独立的维纳过程 $\{B_t^1\}$, $\{B_t^2\}$, $\cdots$, $\{B_t^r\}$ 为基础，展开与上面相同的理论就可以了。在变换公式（2.4）中，对 $\mathrm{d}X_t^i\cdot\mathrm{d}X_t^j$ 进行计算，得到

$$\mathrm{d}B_t^i\mathrm{d}B_t^j=\delta_{ij}\mathrm{d}t\ ,\quad \mathrm{d}B_t^i\mathrm{d}t=0\ ,\quad (\mathrm{d}t)^2=0\ 。$$

随机微分方程论最近也实现了一般化，与被这个方程支配的

现象相关的随机控制和随机推断问题也被人们讨论，其范围也在不断扩大。

4. 落体运动

我们以落体运动为例来看一下随机微分方程是如何应用在统计力学的问题中的。

我们来思考一下质量为 m 的物体从距离地面 h 的高度下落时会做怎样的运动。以物体起始位置的正下方为原点，将东西方向设为 x 轴，南北方向设为 y 轴，上下方向设为 z 轴，开始下落 t 秒后的位置分量为 X_t, Y_t, Z_t，速度分量为 U_t, V_t, W_t。由此，运动方程为

$$U_t = \frac{\mathrm{d}X_t}{\mathrm{d}t}\ ,\quad V_t = \frac{\mathrm{d}Y_t}{\mathrm{d}t}\ ,\quad W_t = \frac{\mathrm{d}Z_t}{\mathrm{d}t}$$

$$\begin{aligned} m\mathrm{d}U_t &= -\alpha U_t \mathrm{d}t + \beta \mathrm{d}B_t^1 \\ m\mathrm{d}V_t &= -\alpha V_t \mathrm{d}t + \beta \mathrm{d}B_t^2 \\ m\mathrm{d}W_t &= -mg\mathrm{d}t - \alpha W_t \mathrm{d}t + \beta \mathrm{d}B_t^3 \text{。} \end{aligned}$$

这里 g 为重力常数（980 dyne），α 为空气阻力系数，随气压升高而增大。当然也与物体的大小有关。$\beta \mathrm{d}B_t^1$、$\beta \mathrm{d}B_t^2$、$\beta \mathrm{d}B_t^3$ 表示空

气的分子运动所带来的影响，β 在气温升高时会增大。B_t^1、B_t^2、B_t^3 是独立的维纳过程。

上面的方程通过初期条件

$$X_0 = Y_0 = 0\ ,\quad Z_0 = h\ ,\quad U_0 = V_0 = W_0 = 0$$

就可以求解。

在物体质量非常大时，$\dfrac{\alpha}{m}$ 和 $\dfrac{\beta}{m}$ 会变得极小，忽略它们后，就会得到

$$X_t = 0\ ,\quad Y_t = 0\ ,\quad Z_t = h - \frac{1}{2}gt^2\ 。$$

与真空中的落体运动相同，物体会垂直下落。

物理质量较小时，虽然无法忽略 $\dfrac{\alpha}{m}$，但物体若有足够的大小，分子运动造成的影响就能抵消，因此我们可以忽略 $\dfrac{\beta}{m}$。此时物体的运动如下所示。

$$X_t = Y_t = 0\ ,\quad Z_t = h - g\frac{\mathrm{e}^{-\mu t} - 1 + \mu t}{\mu^2} \quad \left(\mu = \frac{\alpha}{m}\right)$$

可以看出物体也是垂直下落的。μ 趋近于 0 时的极限和之前的一样，但因为 $\mu > 0$，所以与之前相比下落的速度更慢。

当物体又轻又小时（比如灰尘或者煤渣），$\frac{\alpha}{m}$ 和 $\frac{\beta}{m}$ 都不能被忽略。在这种情况下，上式第一次有了随机微分方程真正的意义，成为统计力学的问题。为了求解 W_t，我们将方程改写为

$$\mathrm{d}W_t + \mu W_t \mathrm{d}t = -g\mathrm{d}t + \nu \mathrm{d}B_t^3 \quad \left(\mu = \frac{\alpha}{m},\ \nu = \frac{\beta}{m}\right)$$
$$\mathrm{e}^{\mu t}\mathrm{d}W_t + \mu \mathrm{e}^{\mu t} W_t \mathrm{d}t = -g\mathrm{e}^{\mu t}\mathrm{d}t + \nu \mathrm{e}^{\mu t}\mathrm{d}B_t^3$$
$$\mathrm{d}(\mathrm{e}^{\mu t}W_t) = -g\mathrm{e}^{\mu t}\mathrm{d}t + \nu \mathrm{e}^{\mu t}\mathrm{d}B_t^3 \quad (\text{注意}\mathrm{d}W_t \cdot \mathrm{d}t = 0)$$
$$\mathrm{e}^{\mu t}W = -g\frac{\mathrm{e}^{\mu t}-1}{\mu} + \nu\int_0^t \mathrm{e}^{\mu s}\mathrm{d}B_s^3 \quad (\text{注意}W_0 = 0)$$
$$W_t = \frac{g}{\mu}(\mathrm{e}^{\mu t}-1) + \nu\int_0^t \mathrm{e}^{\mu(s-t)}\mathrm{d}B_s^3\text{。}$$

因此，

$$\begin{aligned} Z_t &= h + \int_0^t W_u \mathrm{d}u \\ &= h - \frac{g}{\mu^2}(\mathrm{e}^{-\mu t} - 1 + \mu t) + \nu\int_0^t \mathrm{d}u \int_0^u \mathrm{e}^{\mu(s-u)}\mathrm{d}B_S^3 \\ &= h - \frac{g}{\mu^2}(\mathrm{e}^{-\mu t} - 1 + \mu t) + \nu\int_0^t \int_0^u \mathrm{e}^{\mu(s-u)}\mathrm{d}u\mathrm{d}B_S^3 \end{aligned}$$

（注意在这里使用了变换公式）

$$=h-\frac{t}{\mu^2}(e^{-\mu t}-1+\mu t)+\frac{\nu}{\mu}\int_0^t(1-e^{\mu(s-t)})dB_S^3\text{。}$$

同样，

$$X_t=\frac{\nu}{\mu}\int_0^t(1-e^{\mu(s-t)})dB_S^1$$
$$Y_t=\frac{\nu}{\mu}\int_0^t(1-e^{\mu(s-t)})dB_S^2,$$

对 X_t、Y_t、Z_t 取平均值得到

$$E(X_t)=0$$
$$E(Y_t)=0$$
$$E(Z_t)=h-\frac{g}{\mu^2}(e^{-\mu t}-1+\mu t),$$

此式正好在 $\nu=0$ 时有解。各数据与平均值的离差

$$X_t-E(X_t)\ ,\quad Y_t-E(Y_t)\ ,\quad Z_t-E(Z_t)$$

是独立的，每一个都服从正态分布，其方差等于

$$\frac{\nu^2}{\mu^2}\int_0^t (1-\mathrm{e}^{\mu(s-t)})^2\,\mathrm{d}s\ 。$$

可以明显看出，方差会随着 t 的增大而增大。这时，由于 X_t 和 Y_t 不等于 0，所以物体不会垂直下落，而是一边在空中飘散一边下落。煤烟或尘埃的运动就是这种情况。要想知道从烟囱冒出的煤烟是如何散布到地面的，只要针对落到地面的时刻 $T=\min\{t: Z_t=0\}$（随机变量）思考 X_T 和 Y_T，并知道其联合分布即可，但这与正态分布的情况有些许差别。

（写于 1978 年 11 月）